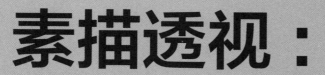

素描透视：
室内·建筑·景观
SKETCH PERSPECTIVE

[日]宫后浩 山本勇气 著

褚天资 译

人民邮电出版社

北　京

图书在版编目（CIP）数据

素描透视：室内·建筑·景观 /（日）宫后浩，
（日）山本勇气著；褚天姿译. -- 北京：人民邮电出版
社，2016.12
ISBN 978-7-115-40489-3

Ⅰ. ①素… Ⅱ. ①宫… ②山… ③褚… Ⅲ. ①建筑艺
术—素描技法 Ⅳ. ①TU204

中国版本图书馆CIP数据核字(2015)第229471号

版权声明

内 容 提 要

很多初学素描的读者都不容易搞明白透视是怎么回事，觉得很难。其实透视很简单，它就是一种观察物体外形轮廓特征的方法，辅助初学者把形画准。毕业于专业美术学校的宫后浩老师和山本勇气老师，在书中用亲切易懂的语言，为你打开一扇素描透视的大门。

本书介绍的是素描透视的简单应用，包括室内、景观、建筑 3 个方向的案例。全书分为两部分共 16 课。第一部分介绍了透视的基础知识和室内表现的基础案例，包括了透视图的的种类、阴影的故事、上色、室内装饰小物的画法、室内家具的画法、室内植物和景观植物的画法、室内空间的画法和装饰材料质感的画法。第二部分介绍了三大透视法及其衍生透视法的原理和简单应用，包括了室内透视图的视点、素描透视中的家具、素描透视图中的人、室内透视图和建筑透视图。

本书对素描透视的简单应用的讲解非常深刻而有趣，对于想巩固透视基础知识的素描爱好者和专业绘画者来说，一定会大有裨益。

◆ 著　　　　　[日]宫后浩　山本勇气
　　译　　　　　褚天姿
　　责任编辑　　郭发明
　　执行编辑　　何建国
　　责任印制　　陈 犇
◆ 人民邮电出版社出版发行　　北京市丰台区成寿寺路 11 号
　　邮编　100164　　电子邮件　315@ptpress.com.cn
　　网址　http://www.ptpress.com.cn
　　北京鑫丰华彩印有限公司印刷
◆ 开本：787×1092　1/16
　　印张：9　　　　　　　　　　2016 年 12 月第 1 版
　　字数：22.7 千字　　　　　　2016 年 12 月北京第 1 次印刷
　　著作权合同登记号　图字：01-2015-0185 号

定价：45.00 元
读者服务热线：(010)81055296　印装质量热线：(010)81055316
反盗版热线：(010)81055315

前言

透视图是什么呢？是不是很难的理论呢？

我们在画风景时，虽然可以想到什么就画什么，本以为自己画得很正确，结果却不然。

相信有这种烦恼的人会很多。

能够解决这种烦恼的方法被称为"远近法"。

远处的物体看起来比较小，这是根据一定的规律发生的变化。

这正是透视图的基础。

在我们之前的书《素描透视：透视的要点与诀窍》中讲到过，虽然喜欢绘画，但是对于理论并不擅长的人有很多，为了这样的读者，我们通过讲解使大家真正掌握透视图的理论。

本书并不是将看到的景物原封不动地画出透视图，而是介绍从室内的图面来画透视图的要点与窍门。

第一部分是通过绘画，切实感受身边的远近法。第二部分从实际运用的效果图开始，逐步掌握透视图的画法。

大家和我一起来挑战吧！

宫后浩

SKETCH 🔷 PERSPECTIVE

目录

第一部分 基础篇 LESSONS

第二部分 **实践篇 EXERCISES**

本书的使用方法（第一部分　基础篇）

第一部分中，我们将对透视图法的理念、绘画时所必需的基本知识以及技巧进行介绍。在画法的解说中，需要用到透视线。通过对范本的誊写，真正掌握透视线与实际素描的关系。

Lesson1中，对于透视图法的基本概念、vp的确定方法、阴影的表现方法、笔法（上色）等透视图法的技巧进行了介绍。

从lesson2开始，我们会进行实际的绘画。亲自实践透视线的画法，以及怎样画才能使作品更完美。

接下来lesson3中，我们会介绍室内空间的画法以及质感的表现。至此只要学会将技巧组合起来使用，就能画出真正的室内装潢透视图了。

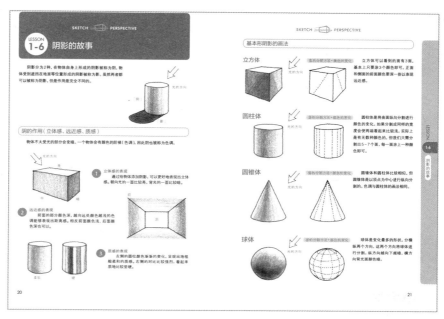

誊写样本，按照这个形状练习。

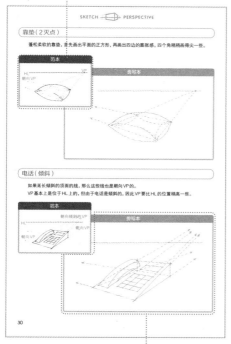

这些就是透视线。在与范本相同的形状上画出透视线。

介绍绘画透视线时所必须掌握的要点。

以此幅图面为基础作出透视线，并画出素描透视图。

放大版的透视线。也可以加入自己的想法。

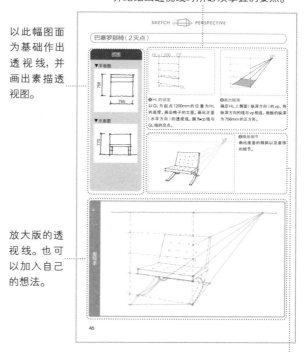

介绍细节的画法。这里将范本的透视线画好，供大家练习。

本书的使用方法（第二部分 实践篇）

在第二部分中，我们会通过各种例图帮助大家掌握实际素描中必要的技法以及透视线的画法。

另外，还会介绍基础篇中没有出现过的视点问题、室内透视图中家具的配置方法。

1　透视线的画法

2　仔细观察例图，确认与透视线的关系

3　阅读例图的顺序的注意点

4　以例图为范本，在透视线的基础上进行实际的绘画

图面。可以了解到尺寸信息。另外还为大家标出了视点的位置。以这个图面为基础画出透视线。

透视线的画法在此确认。

实际绘制透视线时需要注意的点，以及在透视线的基础上绘制素描的顺序。

特别需要注意的技巧以及建议。

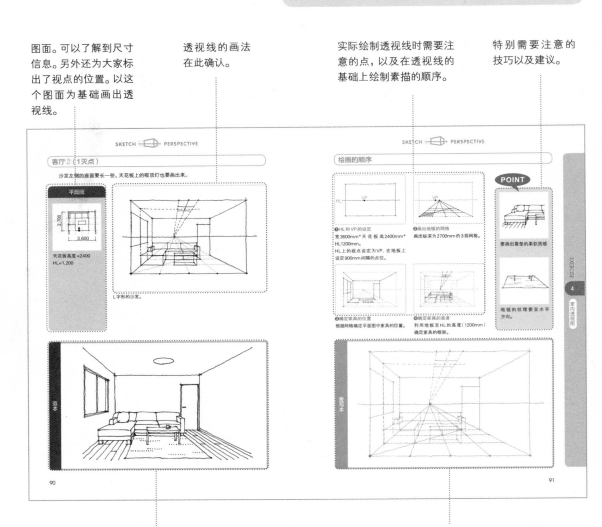

例图。在下一页中为大家准备好已经画好透视线的图，可以参考范本进行绘画。

与例图相同大小的透视线。参考范本，也可以加入自己的想法进行绘画。

第一部分

基础篇
LESSONS

在基础篇中，主要介绍透视图的基础以及各种技巧。
无论是什么样的作品，仔细观察的话，会发现它们都是由基本图形组合而来的。
接下来我们就来学习基本图形的画法以及透视图的知识。

LESSON 1-1 透视图的基础

在描绘透视图时最重要的一点就是确定HL。

HL是指眼睛高度的水平线。是Horizontal line 的简称，Horizontal=地平、水平的线=地平线，也就是与人眼等高的一条水平线。面向大海时，水平线是沿着海岸线的，但从很高的建筑物看的话，一定是以自己的眼睛高度为标准的。

好的风景画是能够让看画的人找到作者视线的。自然的画作，一定要将自己的视线传达给观赏画作的人。

但是，平时看到的风景是找不到水平线或地平线的。这时要注意自己的视线、眼睛的高度在什么位置。

坐在椅子上的视线
视线的位置比椅子高，呈俯视状态。

视线位于座面高度
座面以上为仰视
座面以下为俯视。

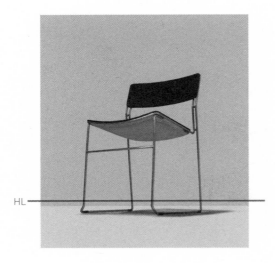

视线位于底部
视线的位置比较低，呈仰视状态。

比眼睛的高度更高的物体可以看到其底面、比眼睛高度低的物体可以看到其顶面。

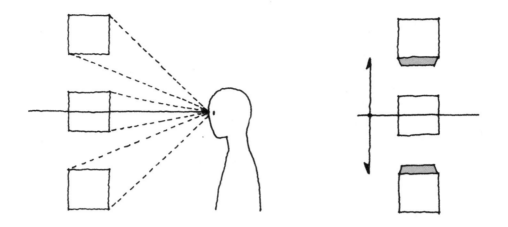

在视线正面的物体只能看到正面，偏左侧的物体可以看到其右侧面，偏右侧的物体可以看到其左侧面。

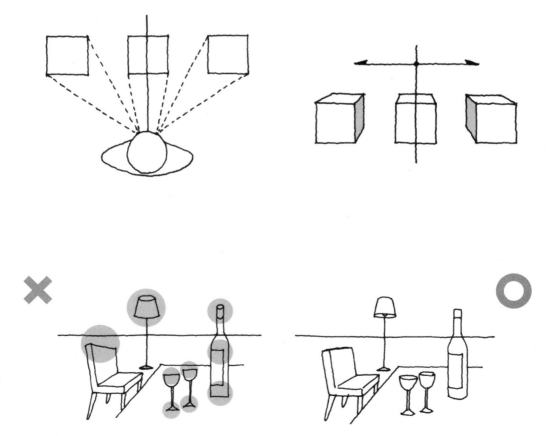

LESSON 1-2 VP 是什么

在3维的世界中分为长（水平方向）、宽（纵深方向）、高（垂直方向）。无论是哪个方向的线，只要是平行线就不会相交。但是在纸面（2维）上表现立体（3维）时，原本不相交的平行线一定要画成相交的样子。平行线相交的点被称为灭点，即VP。

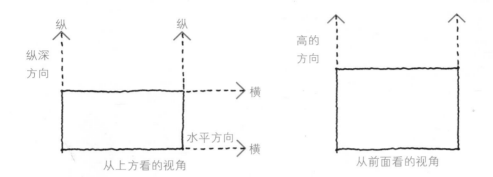

从上方看的视角　　　　　　　　　　从前面看的视角

灭点的确认方法

相同大小的物体距离越远看起来越小。图中的长方体前面的高和后面的高实际上是相等的，但由于后面的距离更远一些，因此看起来比较短。所以，将这两条线连接后越向远处变得越窄。将这两条线延长至与HL相交，这个交点就是灭点。

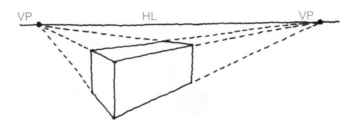

没有灭点的画

本应越向远处越窄的视线现在却是平行的状态。因此画面感觉不到纵深的效果。眼睛已经适应了越向远处物体越小的规律，反而画中给人一种越向远处越大的错觉。

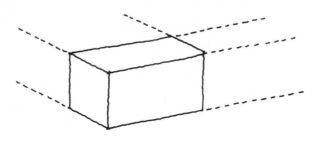

VP是Vanishing Point的简称,Vanishing=消失,Point=点。灭点是远近法和透视法中不可或缺的,基本在HL上,有一个灭点的被称为1灭点,有2个灭点的被称为2灭点,有3个灭点的被称为3灭点。

1灭点 从正面看
画面中只有纵深方向的平行线相交。

 3灭点 仰视或俯视
画面中有水平、纵深、垂直3个方向的平行线相交。

2灭点 从侧面看
画面中有水平方向和纵深方向的平行线相交。

LESSON 1-3 透视图的种类

将房间放在一个框中观察。由于框架的角度使得观察的物体发生了变化。接下来我们给大家介绍一下1、2、3灭点的区别。

1灭点（1点透视）

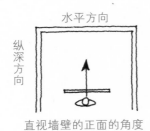

直视墙壁的正面的角度

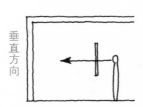

透视图的线与框架是平行的。1点透视中，只有纵深方向的距离，都呈斜线汇集在VP处。

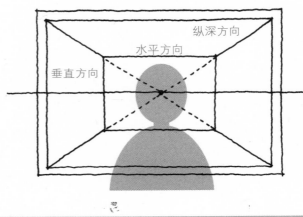

2灭点（2点透视·室内）

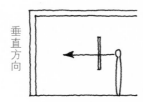

斜视房间的角度

2点透视图中，在水平方向、纵深方向都有距离感，呈斜线汇集在各自的VP上。只有垂直方向与框架平行。

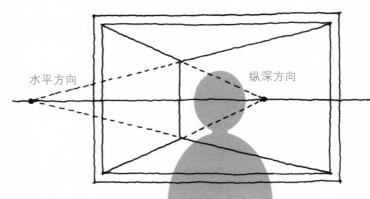

2灭点（2点透视·外观）

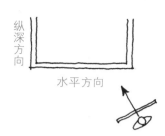

纵深方向

水平方向

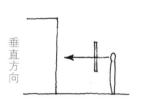

垂直方向

建筑物的外观和室内是相同的，在水平方向和纵深方向有距离感。水平方向更偏向于正面，角度比较缓，因此VP的位置要远一些。相反纵深方向的角度比较大，VP的位置就要近一些。

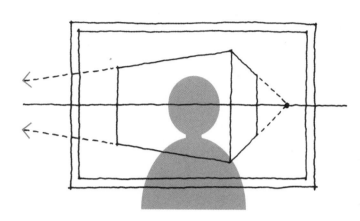

3灭点（3点透视）

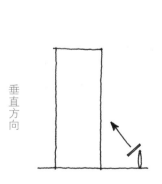

纵深方向

水平方向

垂直方向

3点透视中水平方向、纵深方向、垂直方向3个方向相对于框架都是倾斜的，因此3个方向都有距离。垂直方向的VP位于视线的垂直线上。

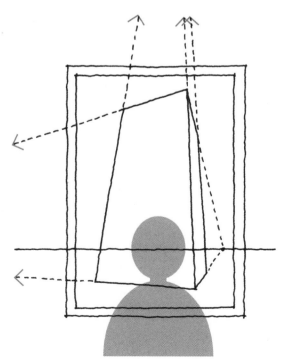

LESSON

1-3

透视图的种类

15

LESSON 1-4 正方形的画法

本书的素描透视法是以正方形为起始不断深入的。
接下来我们给大家讲一下有着"纵深"的正方形是什么样子的。

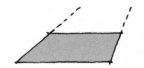

与水平方向的一边相比，纵深方向的一边要短一些。

由于视点与正方形的距离不同，看到的正方形也会发生变化。

一定要注意长条的比例。

左端的四角形看起来像正方形，但右边的四角形看起来像长方形。
偏离VP的后果就是会使画面有很大的偏离，这时将右端画成正方形会比较好一些。

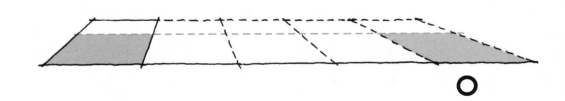

分割法

　　将有长度的物体进行等间隔分割时可以使用分割法。此方法的使用很频繁，如果掌握了在绘画中会很方便。

2等分 对角线的交点刚好是中心的位置，通过中心点画出垂线即可将四角形2等分。

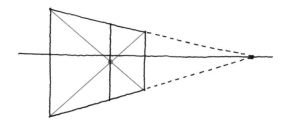

3等分 画出2等分中形成的小四角形的对角线，与2等分的对角线的交点即为3等分的位置。

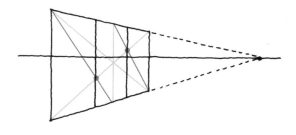

4等分 将2等分形成的小四角形继续2等分。

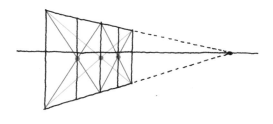

5等分 将前面的高线5等分，并分别与VP相连。与对角线的交点即为5等分的位置。等分前面的高线的方法适用于所有分割问题。

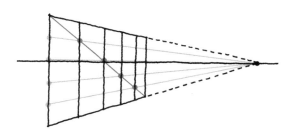

增值法

　　① 将前面的高线2等分并与VP相连。② 通过后面高线的中点画出对角线可以得到相同的距离。③ 重复此步骤，长方形就会不断增加了。

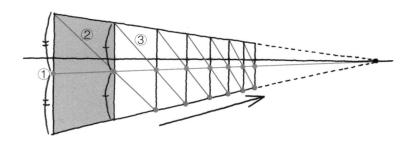

LESSON 1-5 地板的增值法·分割法

地板与墙壁一样，都可以进行增值、分割。
在素描透视法中，地板的格子可以用增值法来绘画。

增值法

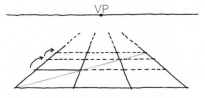

先画出3个正方形，延长其中一个正方形的对角线，与其他正方形的VP延长线相交于某点，就能得到更多相同大小的正方形了。

2等分 四角形对角线的交点刚好是中心点，画出通过中心点的平行线将四角形2等分。

3等分 画出2等分后形成的小四角形的对角线，与2等分的对角线的交点即为3等分的位置。

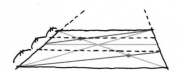

2灭点

与1灭点的原理相同，都是在后方增加正方形。

2等分

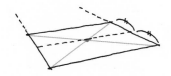

3等分

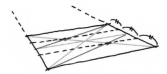

椭圆形

想要画椭圆,首先要画出一个正方形,然后画出其内接圆。

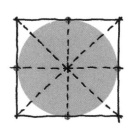

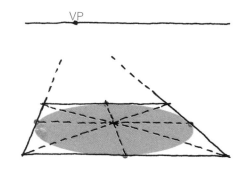

画出正方形的对角线和中心线,找到内接点。

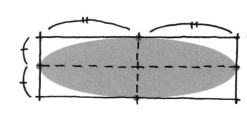

如果在纵深的正方形中画椭圆有难度的话,也可以用长方形来绘画。会形成上下、左右对称的形状。

透视线的画法

2灭点透视图中,侧面的VP更接近画面,正面的VP要在远一些的位置。为了方便作图,通常会选择朝向正面VP的透视线。

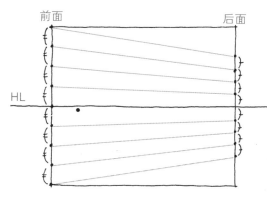

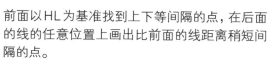

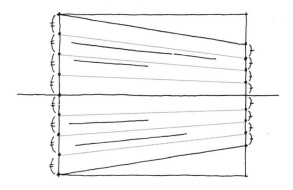

前面以HL为基准找到上下等间隔的点,在后面的线的任意位置上画出比前面的线距离稍短间隔的点。

连接前面和后面的点,透视线就完成了。

实际线的位置位于透视线的一半时,只需沿着临近的透视线绘画即可。

CP是2灭点透视图中必不可少的点,是前面的线与HL的交点。

LESSON

1-5

地板的增值法・分割法

LESSON 1-6 阴影的故事

阴影分为2种，在物体自身上形成的阴影被称为阴，物体受到遮挡在地面等位置形成的阴影被称为影。虽然两者都可以被称为阴影，但是作用是完全不同的。

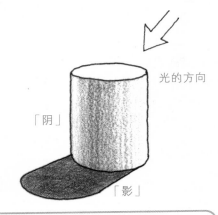

光的方向

「阴」

「影」

阴的作用（立体感、远近感、质感）

物体不太受光的部分会变暗。一个物体会有颜色的阶梯（色调），因此阴也被称为色调。

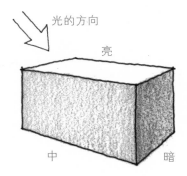

光的方向

亮

中　暗

1 立体感的表现
　　通过给物体添加阴影，可以更好地表现出立体感。朝向光的一面比较亮，背光的一面比较暗。

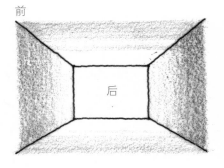

前

后

2 远近感的表现
　　前面的部分颜色深，越向远处颜色越浅的色调能够表现出距离感。相反前面颜色浅、后面颜色深也可以。

柔软

硬

3 质感的表现
　　左侧的圆柱颜色渐渐的变化，呈现出地毯般柔和的质感。右侧的对比比较强烈，看起来质地比较坚硬。

基本形阴影的画法

立方体

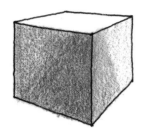

光的方向

面的分割方法·颜色的变化

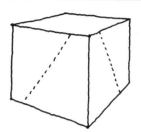

立方体可以看到的面有3面，基本上只要涂3个颜色即可。正面和侧面的前面颜色要深一些以表现远近感。

圆柱体

光的方向

面的分割方法·颜色的变化

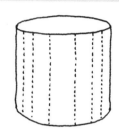

圆柱体是将曲面纵向分割进行颜色的变化。如果分割成同样的宽度会使两端看起来比较浅。实际上是有无数种颜色的，但我们只需分割出5~7个面，每一面涂上一种颜色即可。

圆锥体

光的方向

面的分割方法·颜色的变化

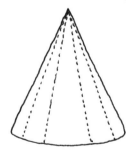

圆锥体和圆柱体比较相似，但圆锥体是以顶点为中心进行纵向分割的。色调与圆柱体的画法相同。

球体

光的方向

面的分割方法·颜色的变化

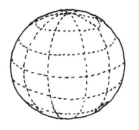

球体是变化最多的形状。分横纵两个方向，这两个方向将球体进行分割。纵方向越向下越暗，横方向背光面颜色暗。

LESSON

1-6

阴影的故事

影的作用（物体的位置·光的强度·光的角度）

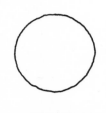

1 物体的位置

即使在同一地点画球体，但由于影子的位置不同，球体的位置也会发生改变。如图左侧的球体看起来是放在地面上的，而右侧的球体看起来像是浮在空中的。

2 光的强度

晴天的日子里影子的轮廓就比较清晰，阴天的日子影子就比较浅。影子颜色深表示光线比较强，颜色浅则表示光线较弱。

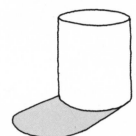

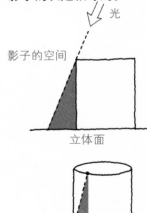

3 光的角度

白天的太阳位于比较高的位置，因此影子是在正下方且比较短，傍晚的太阳位于较低的位置，影子就比较长。

光的角度和影子的长度

光源的角度高的话，影子就短；角度低的话，影子就长。如果刚好位于45°的话，物体的高和影子的长是相等的。

光

影子的空间

立体面

光

光

45度

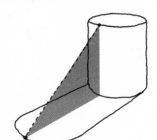

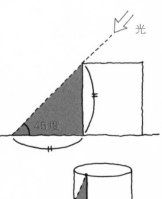

透视图

基本形的影的画法

立方体

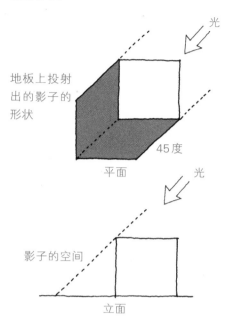

地板上投射出的影子的形状

45度

平面

影子的空间

立面

无论是平面还是立体的,都是按照45度角的光线照射所出现的影子。平面中将阴影的面呈45度平行移动。透视图中,将前面扩大,向内侧延伸至VP。

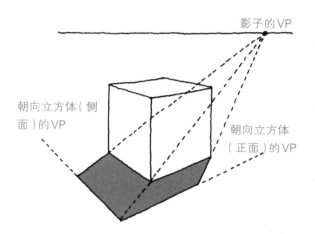

影子的VP

朝向立方体(侧面)的VP

朝向立方体(正面)的VP

圆柱体

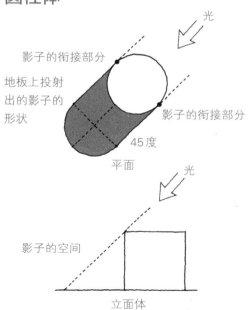

影子的衔接部分

地板上投射出的影子的形状

影子的衔接部分

45度

平面

影子的空间

立面体

平面中背光一侧的半圆呈45度平行移动。透视图中,影子的直线部分和中心轴都朝向VP的方向。圆柱体的底面与阴影的衔接部分要处理好。

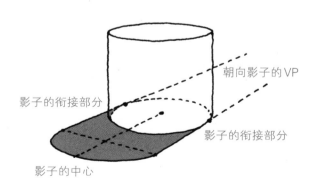

朝向影子的VP

影子的衔接部分

影子的衔接部分

影子的中心

LESSON

1-6

阴影的故事

23

圆锥体

背光一侧出现三角形的阴影。与圆柱体相比，立面是倾斜的，因此阴影的面积要小一些。影子的长度和圆锥的高度相等。

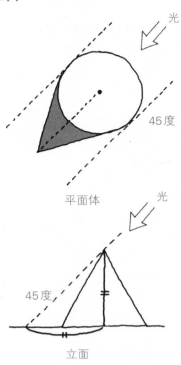

平面体

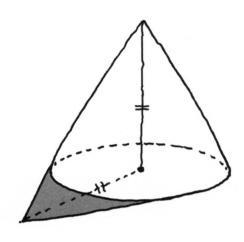

45度

立面

球体

背光一侧形成半球状的阴影。在平面图中由于是球体，因此会出现45°角的椭圆形阴影。观察球体的着地点画出与影子的衔接部分。

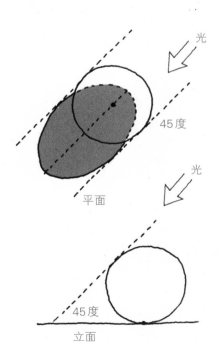

平面

立面

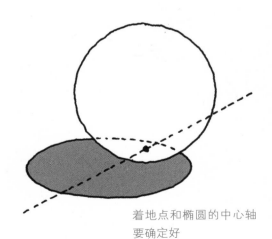

着地点和椭圆的中心轴要确定好

LESSON 1-7 上色

上色的方法

线的画法　徒手画直线时，无论怎么努力也无法画出完全笔直的线条。但只要整体是直线没有弯曲或偏离都是可以的。

有很明显弯曲的曲线就不能称为直线了。

长线的画法　想要一笔画出一条长直线是很难的，这时可以中途停顿一下。再提笔继续时在两条线中间稍稍空出一些距离就好。

稍稍空出一点　　　　　　　　如果重叠的话看起来不太流畅。

角的画法　房间的一段或是桌子的角等可以利用线的交叉来绘画。

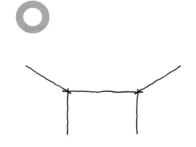 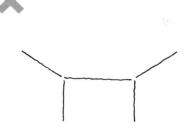

3条线交叉　　　　　　　　如果有空隙看起来就不那么尖锐了。

笔法的种类

　　如果用相同的笔法是无法表现出画面的生动多样的。特别是草木等自然物的形状是很复杂的，需要用不同的笔法去表现。这里我们介绍一些笔法供大家练习。

单线（通常的线）

双线（缝隙·薄厚的表现）

波线（凹凸不平）

1点锁线（浅线）

虚线（地毯·草坪等）

草木的笔触

描一下试试!

LESSON 2-1 室内装饰小物的画法

笔筒（1灭点）

从正面看到的1灭点透视图。纵深方向的线全部朝向VP。

将正面（水平方向）3等分后与VP相连，利用分割法分割出平面的网格。

范本	誊写本
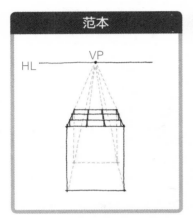	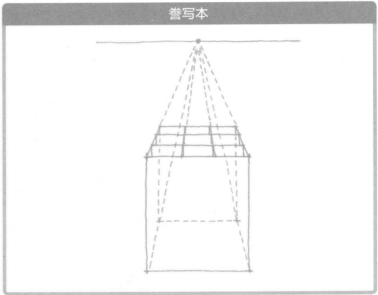

橡皮（2灭点）

侧面的2灭点透视图，正面（水平方向）、侧面（纵深方向）的线全部朝向VP。

画面中虽然没有标出VP的位置，但只要记住VP位于HL的延长线上某一点即可。

范本	誊写本
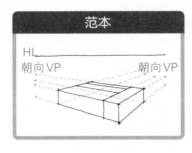	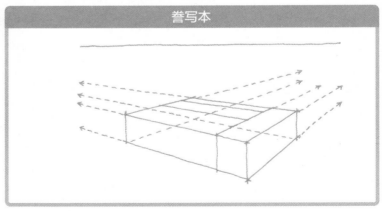

立体中分为长（水平方向）、宽（纵深方向）、高（垂直方向）3个方向。

如果画面中需要表现纵深方向，可以将纵深方向的线与VP相连。

1灭点为宽（纵深方向）、2灭点为长（水平方向）与宽（纵深方向）的线全部朝向VP。

书①（2灭点）

正面（水平方向）、侧面（纵深方向）的线都朝向VP。

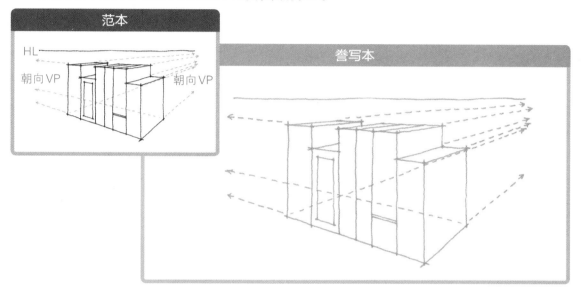

书②（2灭点）

翻动的内页要用半圆来表现。

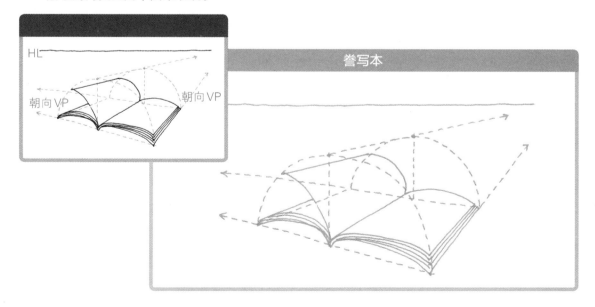

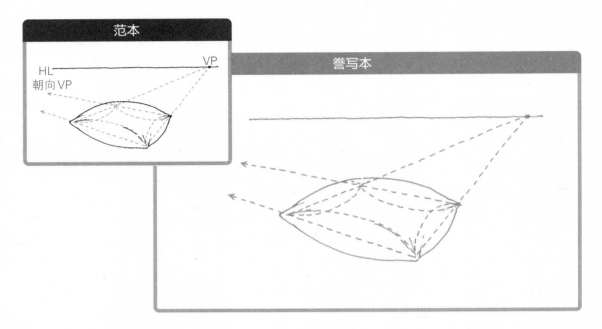

靠垫（2灭点）

蓬松柔软的靠垫，首先画出平面的正方形，再画出四边的膨胀感。四个角稍稍画得尖一些。

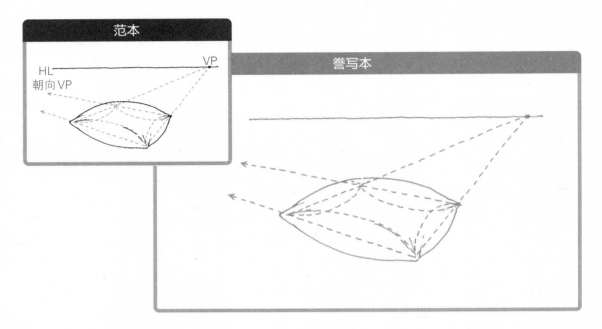

范本

誊写本

电话（倾斜）

如果延长倾斜的顶面的线，那么这些线也是朝向VP的。

VP基本上是位于HL上的，但由于电话是倾斜的，因此VP要比HL的位置稍高一些。

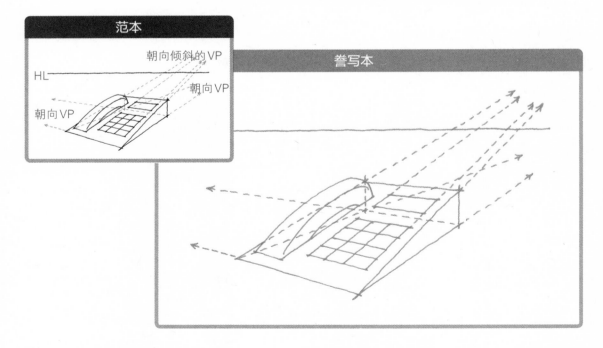

范本

誊写本

手机（倾斜）

延长上半段弯曲的角度，正面和侧面都分别朝向VP。

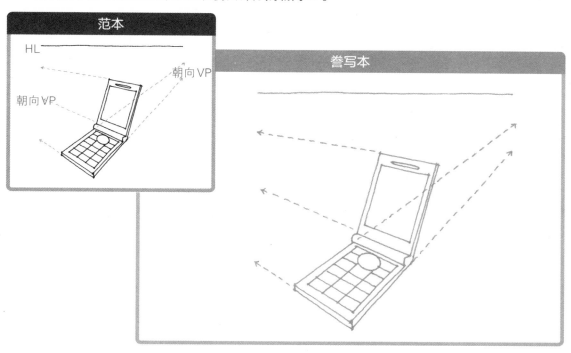

电脑（2灭点）

正面和侧面朝向VP的线有很多，首先画出大概的线条，再对细节进行描绘。

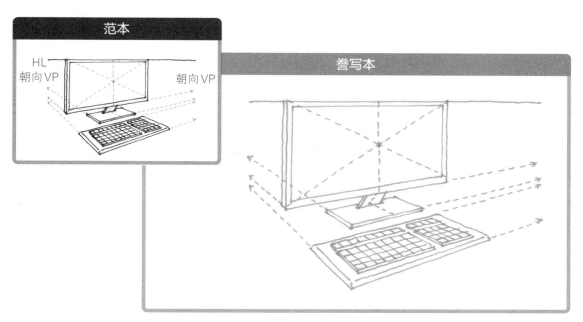

LESSON

2-1

室内装饰小物的画法

钟表

钟表挂在比HL更高的位置上。VP同样也在HL上。
对角线的交点为时钟的中心。

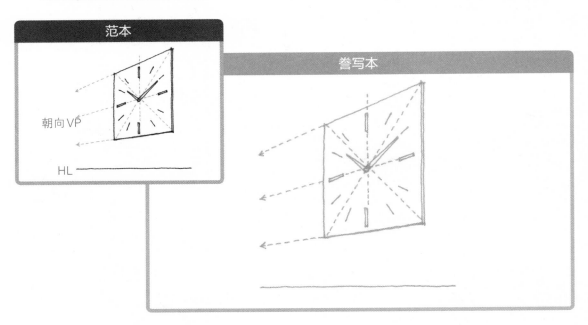

范本

朝向VP

HL

誊写本

马克杯

下方稍稍有些锥形，因此画出杯子垂直的中心轴，并确定锥的角度是左右对称的。把手的角度一定要通过中心轴。

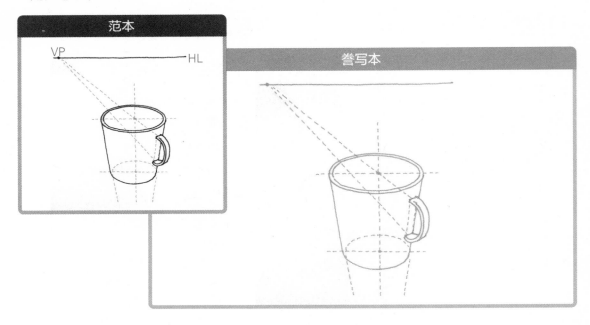

范本

VP ———— HL

誊写本

台灯

圆柱和圆锥的组合体。准确找到灯罩、支柱、底座的中心轴是绘画的重点。

椭圆越靠近HL，看起来越薄，反之，越远离HL，越接近圆形。

范本	誊写本

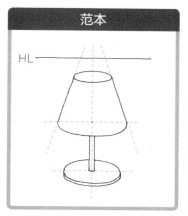
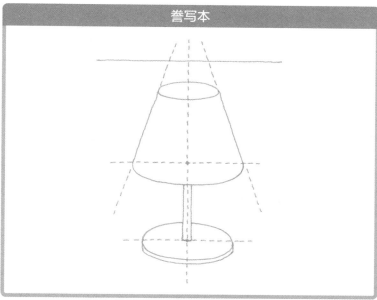

红酒杯

与台灯同样是圆柱和圆锥的组合体。确定中心轴。

画出红酒的面以及玻璃的厚度更能凸显玻璃的透明感。

范本	誊写本

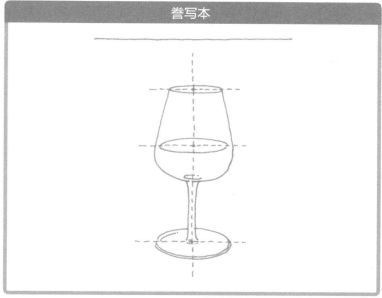

LESSON **2-1** 室内装饰小物的画法

水壶

越靠近HL，椭圆越接近圆形，画出所有椭圆的统一感。

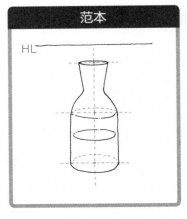

范本

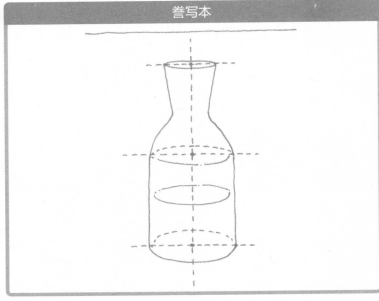

誊写本

红酒瓶

标签的形状是沿着椭圆的轨道的，因此首先要画出椭圆形。

Logo的部分也同样是沿着椭圆的轨迹绘画。

范本

誊写本

咖啡杯

在托盘的正中央放着咖啡杯，确定托盘和杯子的中心轴是绘画的重点。

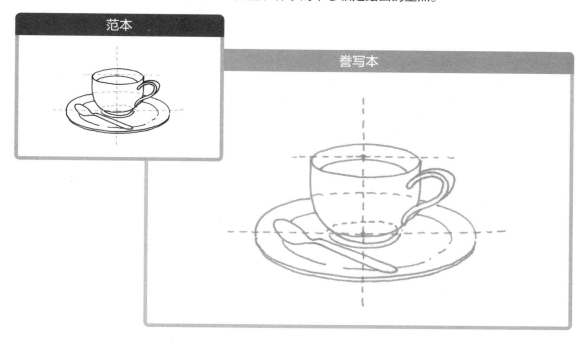

范本

誉写本

锅

两边的把手要通过椭圆的中心。连接把手的线是朝向VP的。

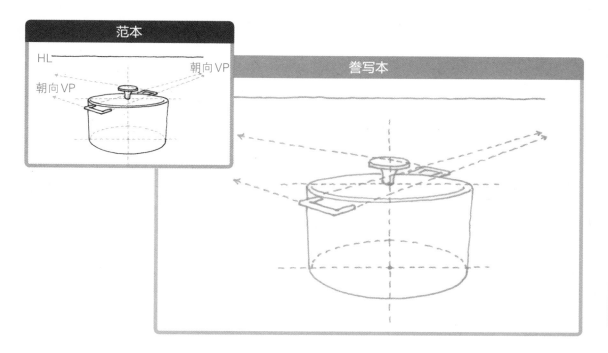

范本

誉写本

LESSON

2-1

室内装饰小物的画法

壶

相对于圆柱的中心轴，壶口和把手的轴要稍稍倾斜一点。

范本	誊写本

陶质小茶壶

壶嘴与把手相对于主体呈直角关系。

要注意各部分与主体的衔接位置。

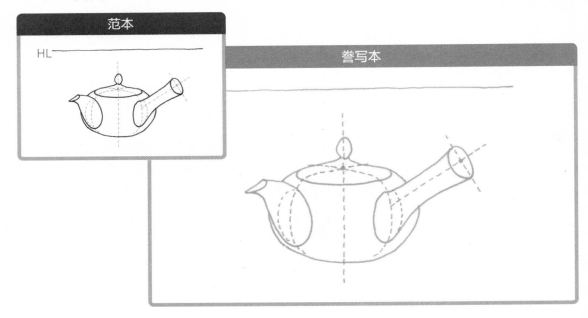

盘子

汤匙和餐刀是2灭点，盘子的椭圆也要在2灭点的正方形中描绘。

椭圆形的1灭点和2灭点是完全相同的。

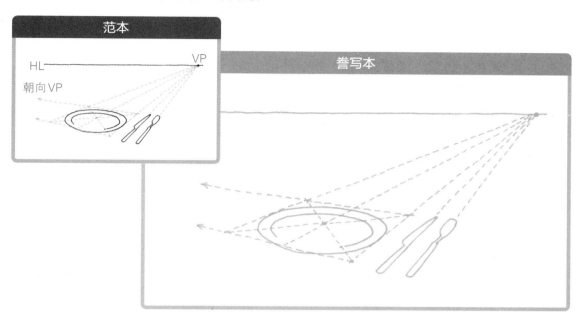

篮子

两边的把手要通过椭圆的中心。篮子中的水果要重叠在一起看起来会比较自然。

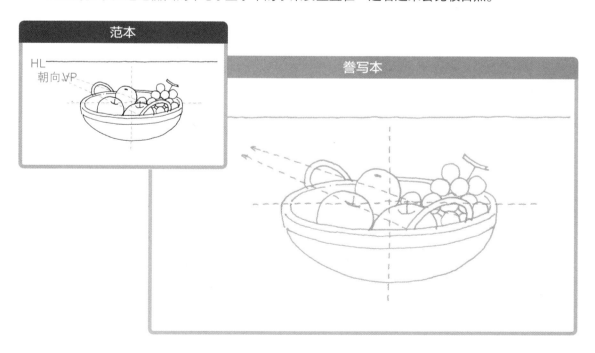

LESSON

2-1

室内装饰小物的画法

LESSON 2-2 室内家具的画法

桌子（2灭点）

设计图

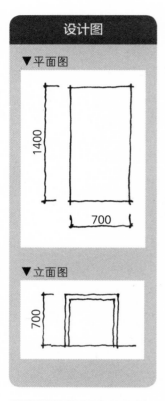

▼平面图

1400

700

▼立面图

700

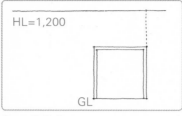

HL=1,200

GL

❶HL的设定
设定HL的高度为以GL为起点1200mm的位置，桌子的高度为以GL为起点700mm的位置。（尺寸要用三角尺准确测量）

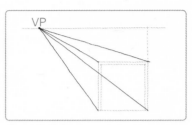

VP

❷VP的设定
HL上的任意一点设置为VP，并将纵深方向的线与VP相连。

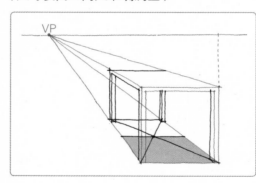

VP

❸确定地板的纵深
桌子的水平方向长度为700mm，纵深也同样为700mm，呈正方形，用增值法确定2倍1400mm的纵深位置（正方形的画法参照P16，增值法参照P18）。

誊写本

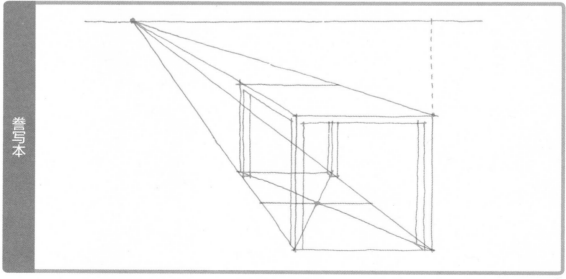

家具通常会做成方便人们使用的尺寸。为了立体感的表现，画出比例错误的画也是不可以的。接下来我们通过对各种家具的绘画来掌握这些技巧。

椅子（1灭点）

设计图

▼平面图

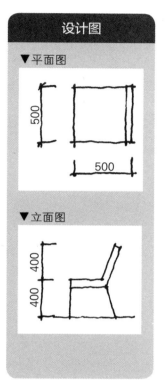

500

500

▼立面图

400
400
400

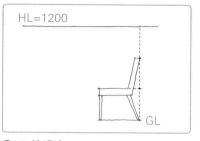

HL=1200

GL

❶HL 的设定

HL 设定为 GL 为起点 1200mm 的高度，画出从 GL 开始椅子的立面。

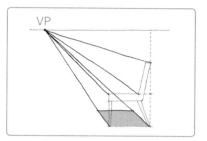

VP

❷画出框架

VP 为 HL 上的任意一点，将纵深方向的线与 VP 相连。椅子的纵深为 500mm 的正方形。

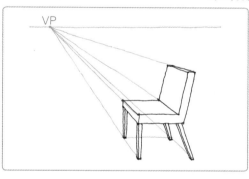

VP

❸描绘细节

画出倾斜的椅背和后面的椅子腿，调整整体的比例平衡。

誊写本

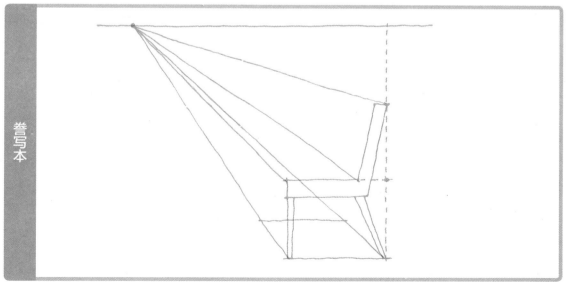

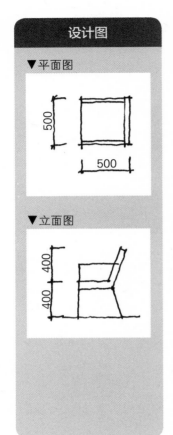
扶手椅（1灭点）

设计图

▼平面图

500

500

▼立面图

400 400 400

HL=1200

GL

❶HL 的设定
以 GL 为起点1200mm 的位置为 HL 的高度，画出椅子的立面。

VP

❷画出框架
VP 为 HL 上的任意一点，将纵深方向的线 与 VP 相连。椅子的纵深为 500mm 的正方形。

❸描绘细节
画出扶手和靠背的设计感。

VP

誊写本

安乐椅（1灭点）

设计图

▼平面图

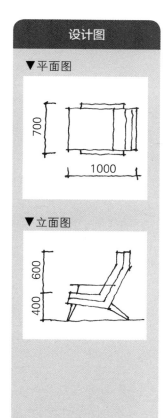

▼立面图

❶HL的设定

以GL为起点1200mm的位置为HL的高度，画出椅子的立面。

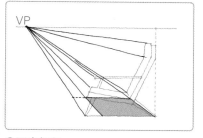

❷画出框架

VP为HL上的任意一点，将纵深方向的线与VP相连。椅子的纵深为700mm的正方形。

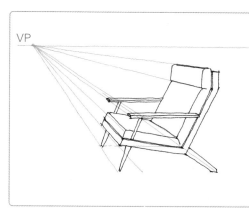

❸描绘细节

靠背和座面的倾斜，前后角度相同。

LESSON

2-2

室内家具的画法

誊写本

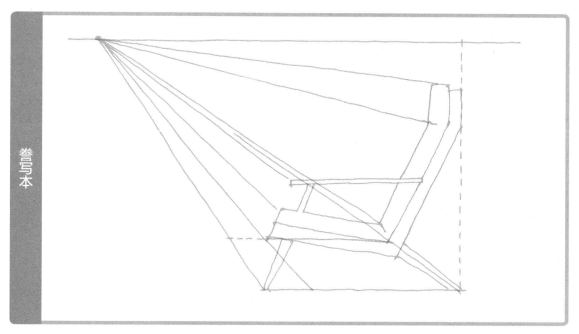

2人沙发（1灭点）

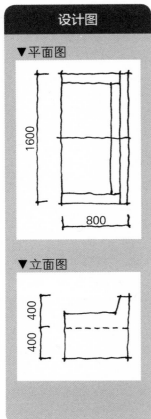

设计图

▼ 平面图

1600

800

▼ 立面图

400

400

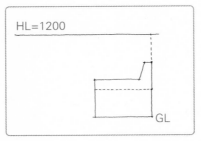

HL=1200

GL

❶ HL的设定

以GL为起点1200mm的位置为HL的高度，画出沙发的立面。

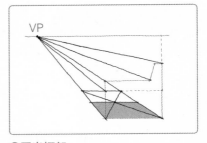

VP

❷ 画出框架

VP为HL上的任意一点，将纵深方向的线与VP相连。沙发的纵深为1600mm和800mm的正方形2个。

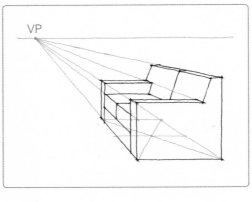

VP

❸ 描绘细节

在内侧画出扶手的厚度。第2步中确定了沙发的中心，画出座面和靠背的中心线。

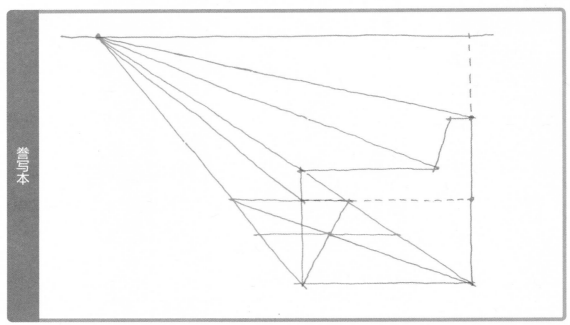

誊写本

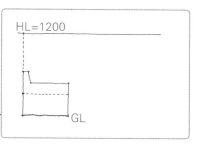
3人沙发（1灭点）

设计图

▼平面图

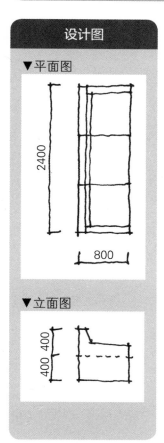

2400

800

▼立面图

400 400

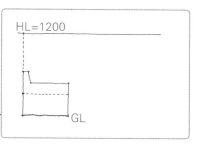

HL=1200

GL

❶HL 的设

以GL为起点1200mm的位置为HL的高度，画出沙发的立面。

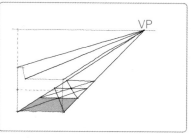

VP

❷画出框架

VP为HL上的任意一点，将纵深方向的线与VP相连。沙发的纵深为2400mm和800mm的正方形3个。

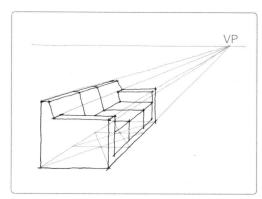

VP

❸描绘细节

按照第2步确定的位置分为3个正方形。画出座面和靠背的线，三人沙发完成。

卷写本

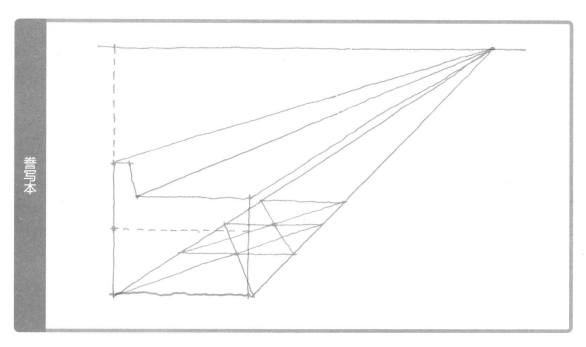

桌子（2灭点）

设计图

▼平面图

800

800

▼立面图

700

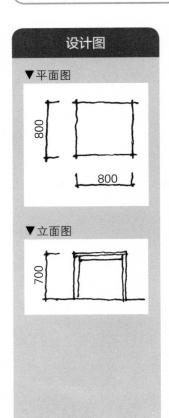

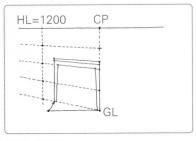

❶HL 的设定

以 GL 为起点 1200mm 的位置为 HL 的高度，画出桌子的立面。画出正面（水平方向）的透视线。桌脚为 CP 线与 GL 线的交点。

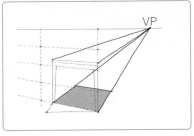

❷画出框架

VP 为 HL 上的任意一点，将纵深方向的线与 VP 相连。地板的纵深为 800mm 的正方形。

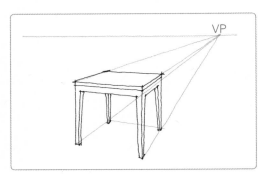

❸描绘细节

正面侧的线参考透视线朝向 VP 的方向。

誊写本

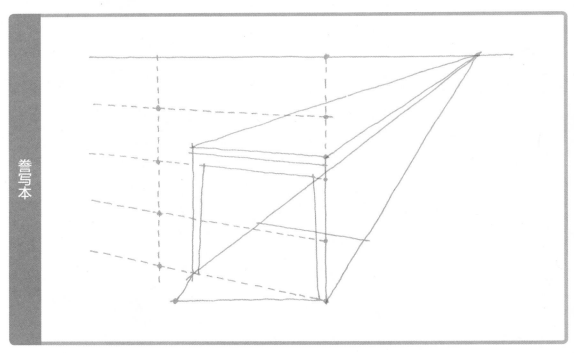

长桌（2灭点）

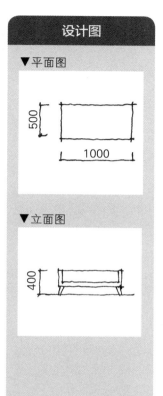

设计图

▼平面图

500
1000

▼立面图

400

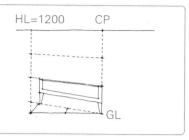

❶HL的设定
以GL为起点1200mm的位置为HL的高度，画出桌子的立面。画出正面（水平方向）的透视线。桌脚为CP线与GL线的交点。

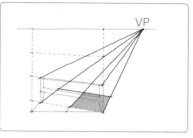

❷画出框架
VP为HL上的任意一点，将纵深方向的线与VP相连。地板的纵深为500mm的正方形。

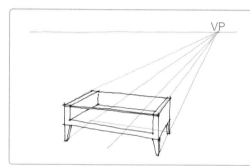

❸描绘细节
画出玻璃顶板的透明感。

LESSON
2-2
室内家具的画法

誊写本

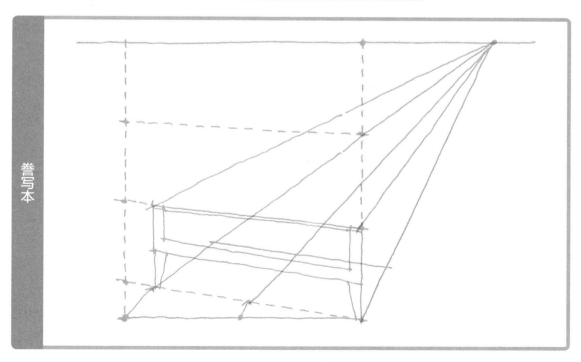

巴塞罗那椅（2灭点）

设计图

▼平面图

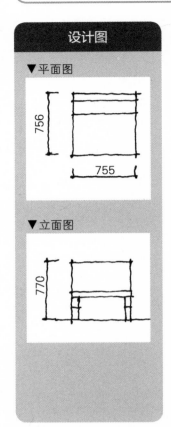

756

755

▼立面图

770

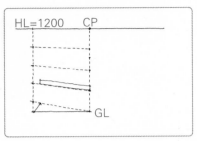

HL=1200　CP

GL

❶ HL 的设定

以 GL 为起点 1200mm 的位置为 HL 的高度，画出椅子的立面。画出正面（水平方向）的透视线。脚为 CP 线与 GL 线的交点。

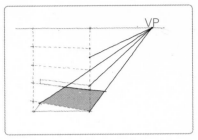

VP

❷ 画出框架

确定 HL 上侧面（纵深方向）的 VP，将纵深方向的线与 VP 相连，地板的纵深为 756mm 的正方形。

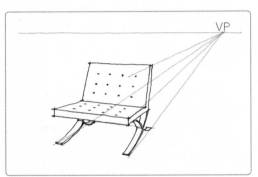

VP

❸ 描绘细节

画出座面的倾斜以及装饰的细节。

誊写本

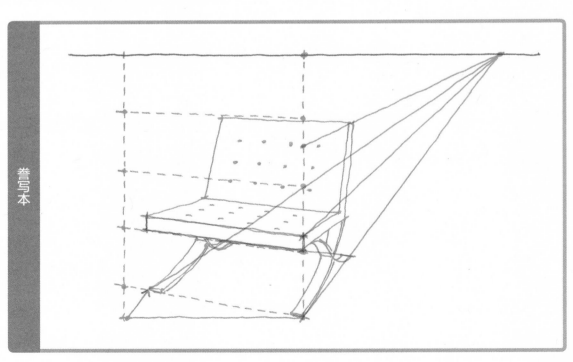

46

中空椅子（2灭点）

设计图

▼平面图

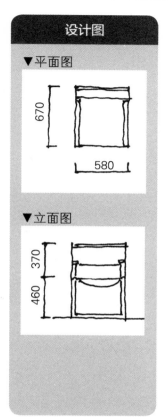

670

580

▼立面图

370

460

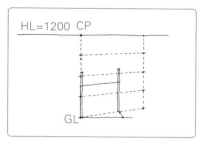

HL=1200 CP

GL

❶HL的设定
以GL为起点1200mm的位置为HL的高度，画出椅子的立面。画出正面（水平方向）的透视线。脚为CP线与GL线的交点。

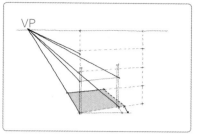

VP

❷画出框架
想要确定更细致的尺寸的话，可以在地板上画出与纵深相同长度的正方形。580mm和670mm的正方形的对角线在同一直线上。

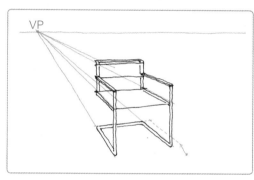

VP

❸描绘细节
内侧管子要看起来细一些。

LESSON

2-2

室内家具的画法

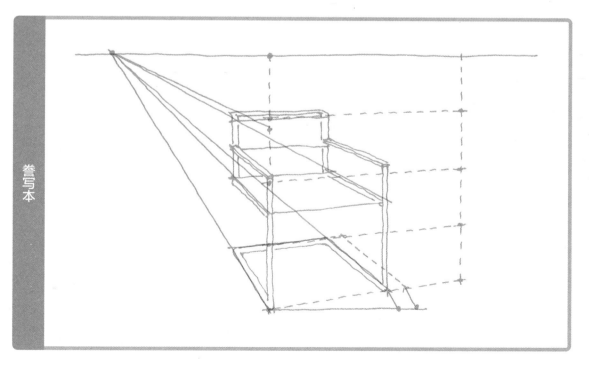

誊写本

47

单人沙发（2灭点）

设计图

▼平面图

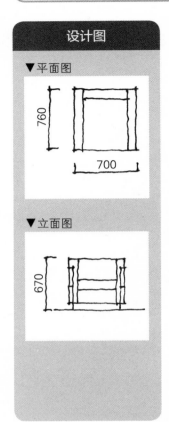

760

700

▼立面图

670

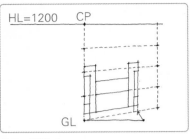

❶ HL 的设定

以 GL 为起点 1200mm 的位置为 HL 的高度，画出椅子的立面。画出正面（水平方向）的透视线。脚为 CP 线与 GL 线的交点。

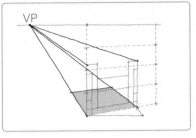

❷ 画出框架

想要确定更细致的尺寸的话，可以在地板上画出与纵深相同长度的正方形。700mm 和 760mm 的正方形的对角线在同一直线上。

❸ 描绘细节

为了表现靠垫的柔软质感使用曲线来描绘。要画出管子稍稍嵌入的感觉。

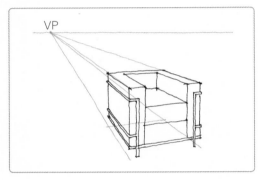

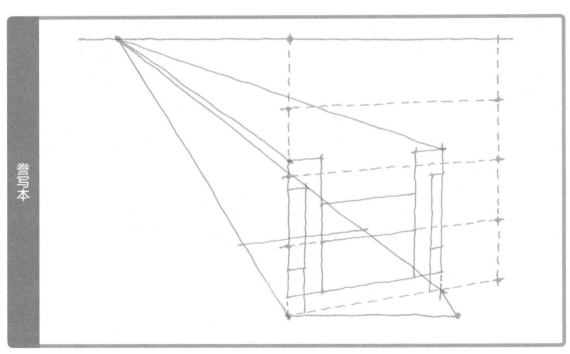

誊写本

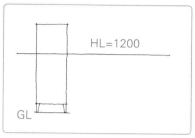

橱柜（1灭点）

设计图

▼平面图

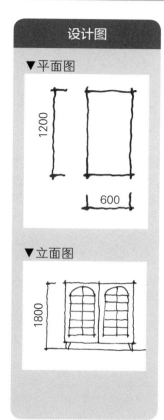

1200

600

▼立面图

1800

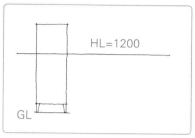

❶HL的设定

HL设定为GL为起点1200mm的高度，画出从GL开始橱柜的立面。

HL=1200

GL

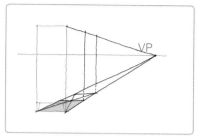

❷画出框架

VP为HL上的任意一点，将纵深方向的线与VP相连。橱柜的纵深为1200mm的正方形。

VP

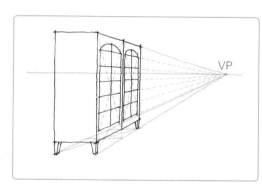

❸描绘细节

柜门上的格子用分割法画好。

VP

誊写本

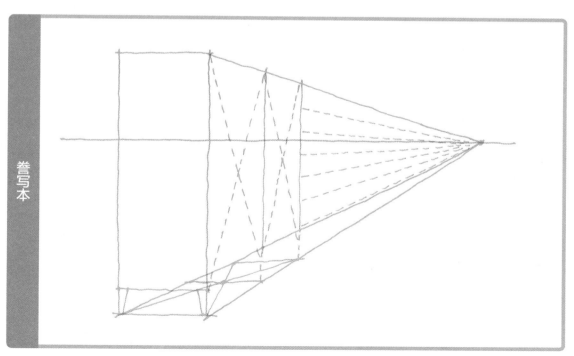

洗脸台（1灭点）

设计图

▼平面图

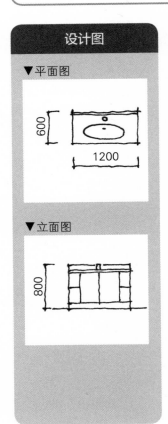

600
1200

▼立面图

800

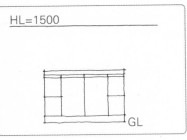

❶HL 的设定

HL 设定为 GL 为起点 1500mm 的高度，画出从 GL 开始洗脸台的立面。

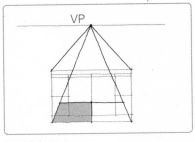

❷画出框架

VP 为 HL 上的任意一点，将纵深方向的线与 VP 相连。洗脸台的纵深为 600mm 的正方形，将 1200mm 的正方形分割为 2 份。

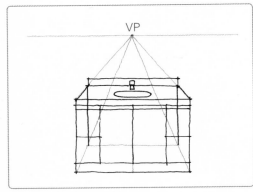

❸描绘细节

洗面池的椭圆位于柜子的中央。画出柜门和抽屉。

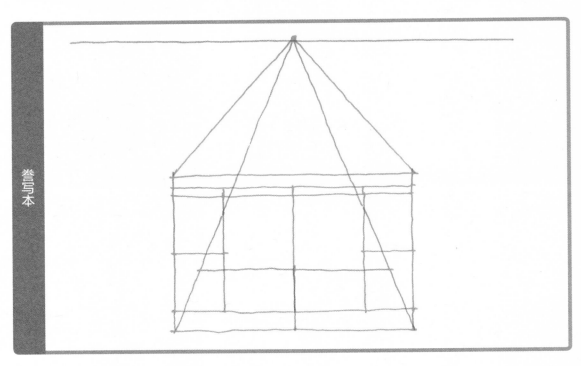

卷写本

梳妆台（2灭点）

设计图

▼平面图

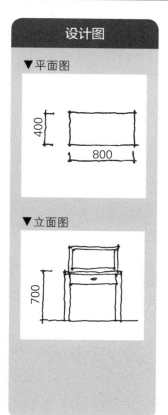

400
800

▼立面图

700

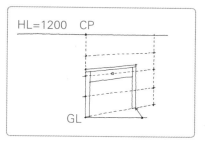

HL=1200 CP

GL

❶ HL的设定

以GL为起点1200mm的位置为HL的高度，画出桌子的立面。画出正面（水平方向）的透视线。

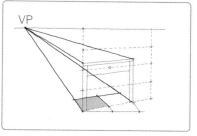

VP

❷ 画出框架

VP为HL上的任意一点，将纵深方向的线与VP相连。桌子的纵深为400mm的正方形，将800mm的正方形分割为2份。

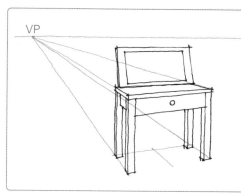

VP

❸ 描绘细节

镜子中映射出的形状是相反的，因此将桌子的顶板画在镜面中。

誊写本

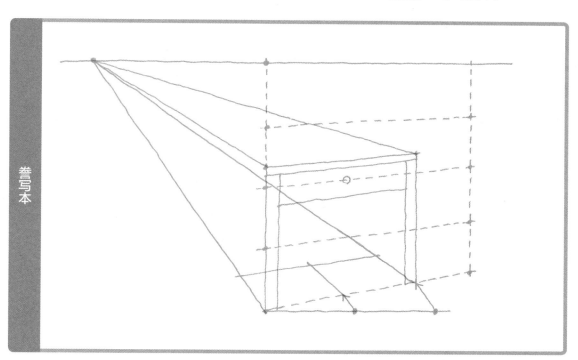

床（2灭点）

设计图

▼平面图

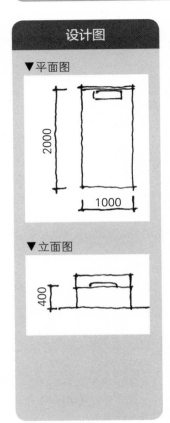

2000

1000

▼立面图

400

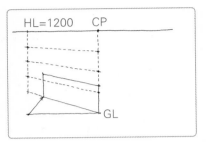

❶HL 的设定
以 GL 为起点 1200mm 的位置为 HL 的高度，画出床的立面。

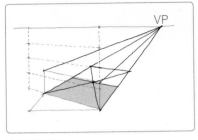

❷画出框架
VP 为 HL 上的任意一点，将纵深方向的线与 VP 相连。床的纵深为 2000mm，由两个 1000mm 的正方形组成。

❸描绘细节
画出床头板、枕头和床单等细节。

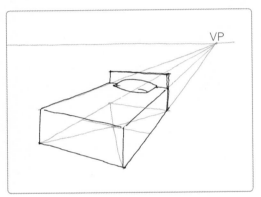

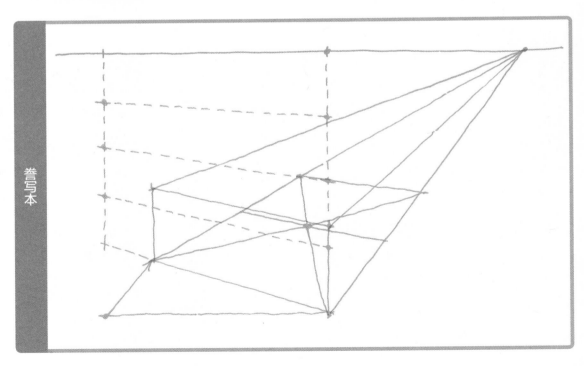

摹写本

座椅（2灭点）

设计图

▼平面图

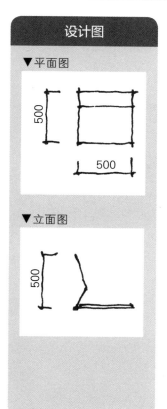

500
500

▼立面图

500

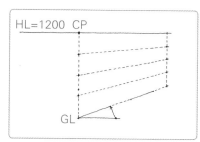

HL=1200 CP

GL

❶HL的设定
以GL为起点1200mm的位置为HL的高度，画出座椅的立面。

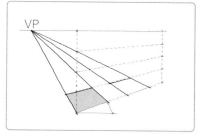

VP

❷画出框架
VP为HL上的任意一点，将纵深方向的线与VP相连。地板的纵深为500mm的正方形。

旁边再画出一个看起来同样大小的椅子。

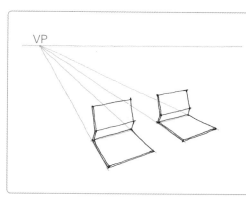

VP

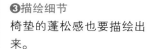

❸描绘细节
椅垫的蓬松感也要描绘出来。

LESSON **2-2** 室内家具的画法

誊写本

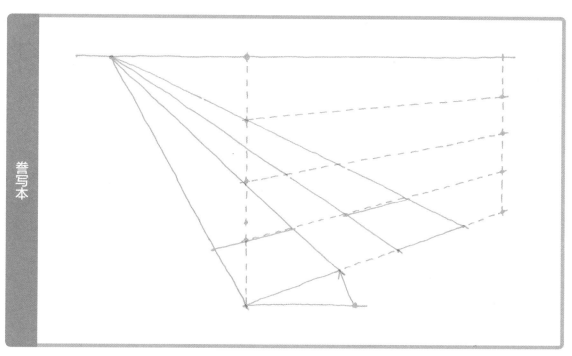

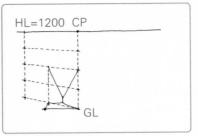

杂志架（2灭点）

设计图

▼平面图

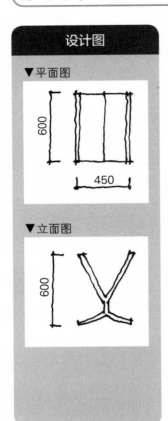

600
450

▼立面图

600

❶HL的设定

以GL为起点1200mm的位置为HL的高度，画出杂志架的立面。

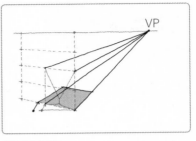

❷画出框架

VP为HL上的任意一点，将纵深方向的线与VP相连。画出与纵深同等长度的正方形，以确定正确的宽度。

❸描绘细节

内侧也呈Y字形才是正确的形状。

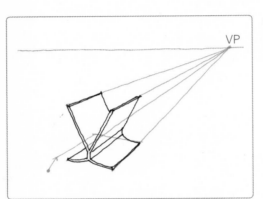

卷写本

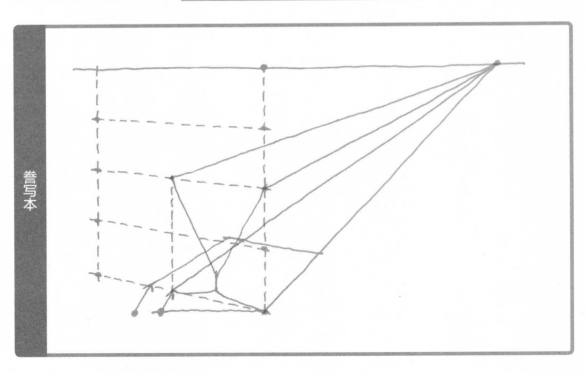

书架（2灭点）

设计图

▼平面图

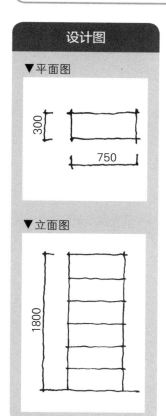

300

750

▼立面图

1800

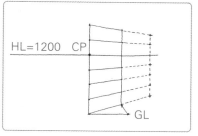

❶HL 的设定

以 GL 为起点 1200mm 的位置为 HL 的高度，画出书架的立面。

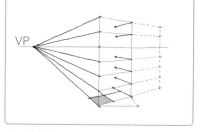

❷画出框架

VP 为 HL 上的任意一点，将纵深方向的线与 VP 相连。画出与纵深同等长度的正方形，以确定正确的宽度。

❸描绘细节

书架以 HL 为界，以上可以看到底面，以下可以看到顶面。

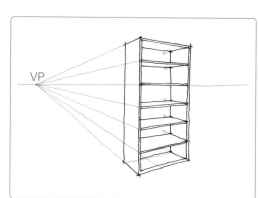

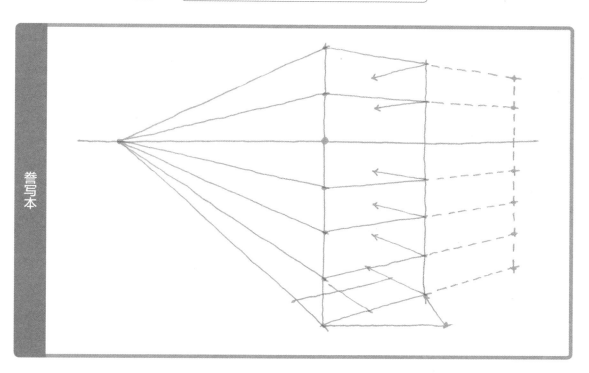

誊写本

LESSON

2-2

室内家具的画法

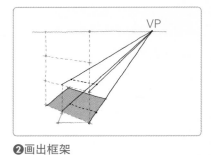

马桶（2灭点）

设计图

▼平面图

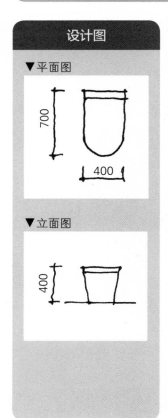

700

400

▼立面图

400

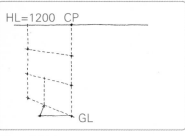

❶HL的设定

以GL为起点1200mm的位置为
HL的高度，画出坐便器的立面。

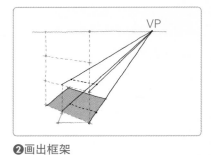

❷画出框架

VP为HL上的任意一点，将纵深方向
的线与VP相连。画出与纵深同等长
度的正方形，以确定正确的宽度。

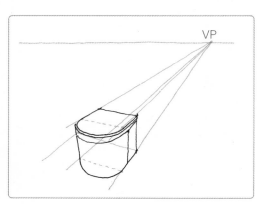

❸描绘细节

从椭圆的曲线位置开始画
出透视线。

誊写本

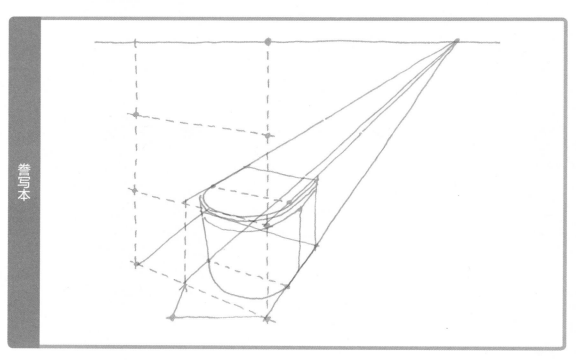

电视柜（2灭点）

设计图

▼平面图

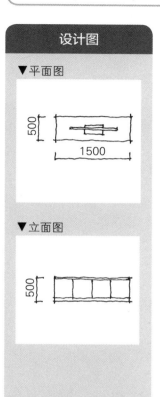

▼立面图

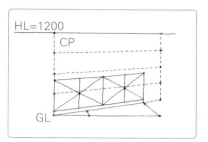

❶HL的设定

以GL为起点1200mm的位置为HL的高度，画出电视柜的立面。

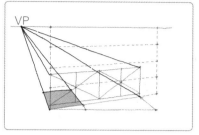

❷画出框架

VP为HL上的任意一点，将纵深方向的线与VP相连。画出纵深为500mm的正方形。

❸描绘细节

电视放在电视柜的中央，找到各自的中心轴。

LESSON

2-2

室内家具的画法

誊写本

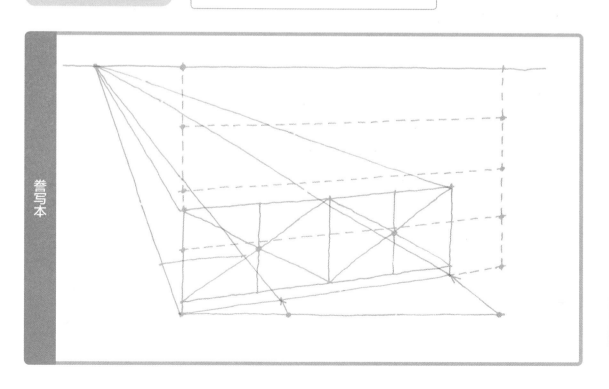

吸顶灯

设计图

▼ 平面图

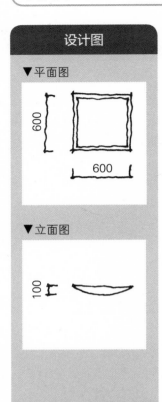

600
600

▼ 立面图

100

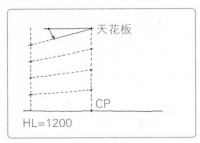

天花板
CP
HL=1200

❶ HL的设定
以HL为起点1200mm的位置为天花板的高度，画出透视线。

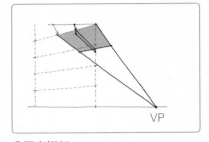

VP

❷ 画出框架
VP为HL上的任意一点，将纵深方向的线与VP相连。画出纵深为500mm正方形的天花板。

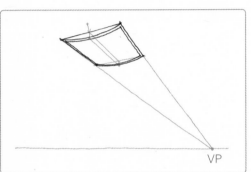

VP

❸ 描绘细节
拱形的最低点为中心。

誊写本

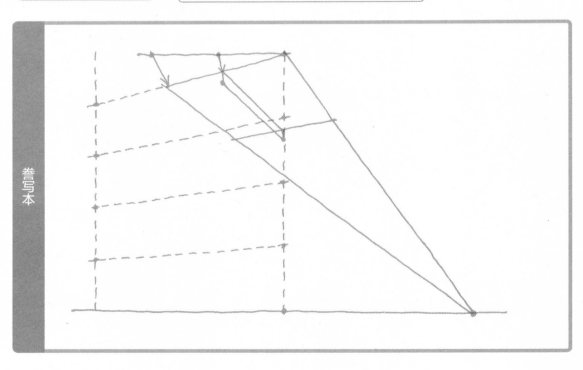

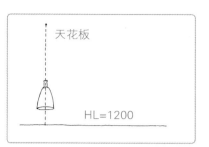
吊灯①

设计图

▼ 平面图

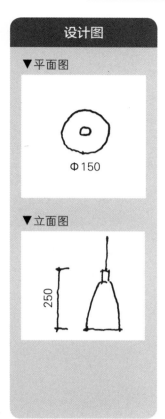

Φ150

▼ 立面图

250

❶ HL 的设定
以 HL 为起点 1200mm 的位置为天花板的高度，画出前面的灯。

天花板

HL=1200

❷ 画出框架
画出可以放入 3 个灯的框架，找到中心的位置。

VP

❸ 描绘细节
距离越远，吊灯越小。

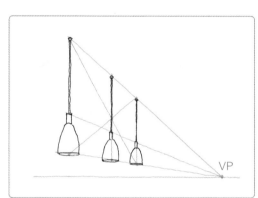

VP

誊写本

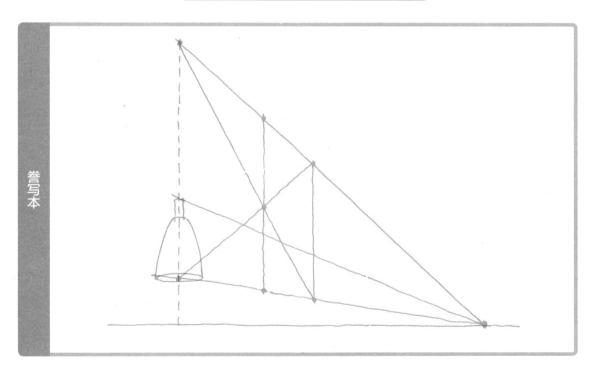

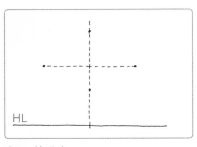

吊灯②

▼平面图

Φ500

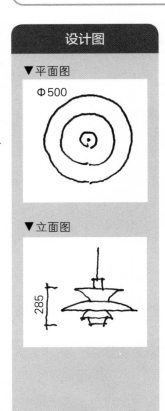

▼立面图

285

❶HL的设定

在比HL高的位置上确定吊灯的宽度
和高度。

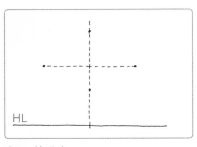

❷画出框架

画出以中心轴为左右对称的吊灯的椭
圆形。

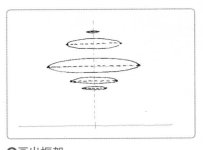

❸描绘细节

椭圆的两端不要变尖。

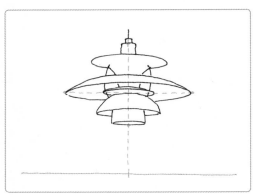

誊写本

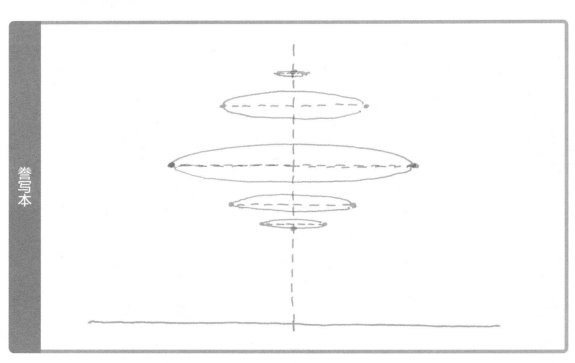

吊灯③

设计图

▼平面图

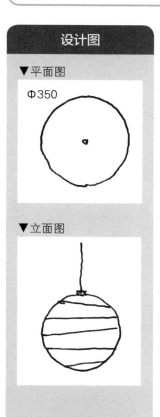

Φ350

▼立面图

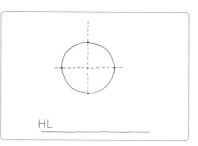

❶HL的设定
在比HL稍高的位置画圆。

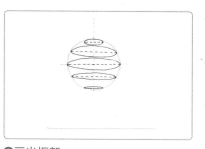

❷画出框架
画出球体的断面。

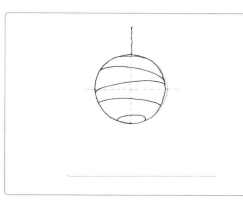

❸描绘细节
骨架要稍稍偏离断面的椭圆形。

LESSON

2-2

室内家具的画法

誊写本

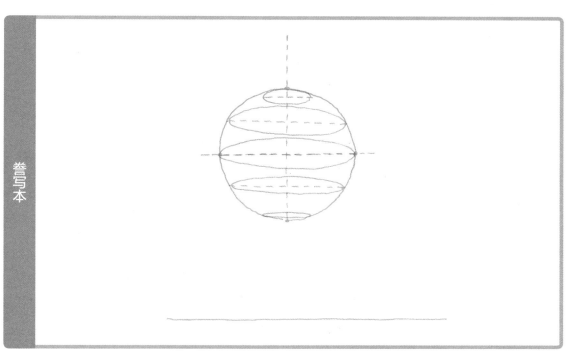

LESSON 2-3 室内植物的画法

虎尾兰

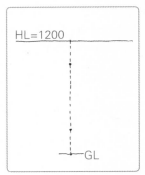

❶HL 的设定
以 GL 为 起 点 1200mm 的位置为 HL 的高度,画出从以 GL 为起点的高。

❷画出叶子的饱满感
画出花盆的形状和尖尖的叶子的大概轮廓。

❸描绘细节
边调整叶子重叠的部分边画出前面的叶子。

誊写本

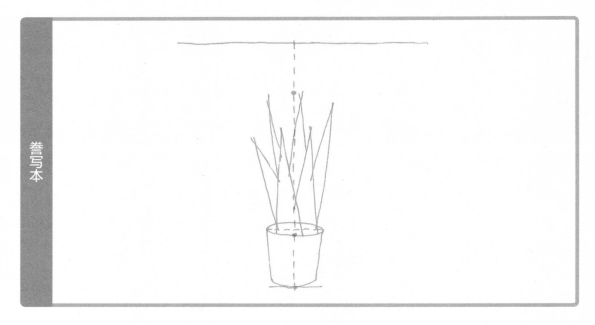

装饰室内用的观叶植物也非常注重尺寸。自然的形状也是绘画的窍门之一。

蓬莱蕉

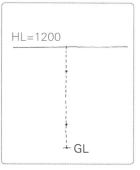

❶HL的设定
以GL为起点1200mm的位置为HL的高度,画出从以GL为起点的高。

❷画出叶子的饱满感
画出心形叶子的大概形状。

❸描绘细节
叶子的缺角是它的特征。

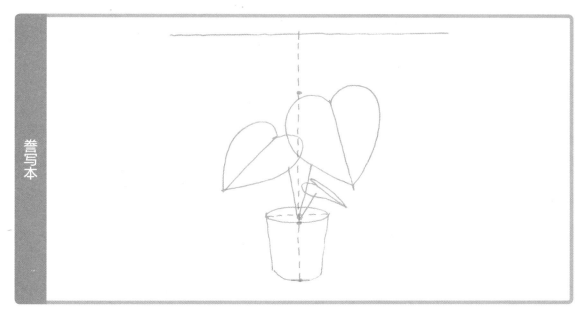

誊写本

天堂鸟

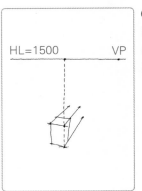

❶HL 的设定
以 GL 为 起 点 1500mm 的位置为 HL 的高度, 画出从以 GL 为起点的高。

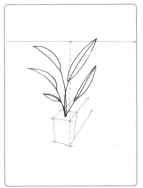

❷画出叶子的饱满感
确定高处叶子的形状。

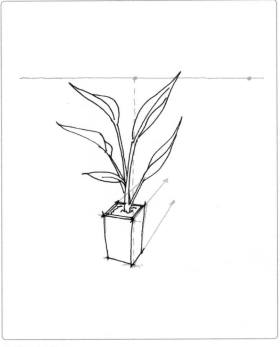

❸描绘细节
画出叶子的内侧使画面看起来更加自然。

誊写本

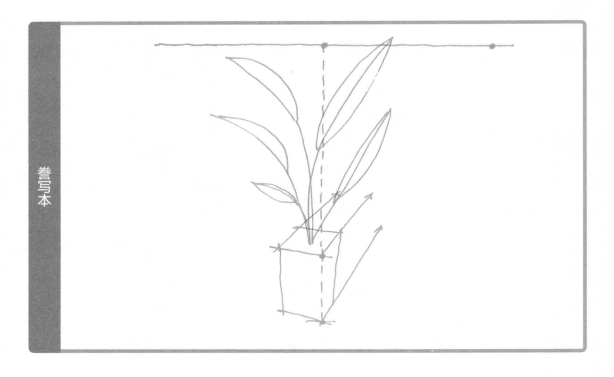

64

海芋

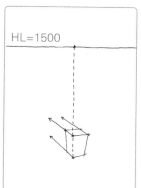

❶HL的设定
以GL为起点1500mm的位置为HL的高度,画出从以GL为起点的高。

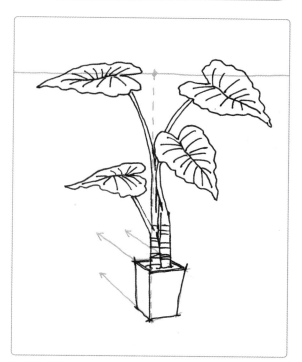

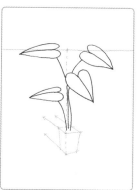

❷画出叶子的饱满感
画出细长心形的叶子的轮廓。

❸描绘细节
叶子的方向要零散一些才自然。

誊写本

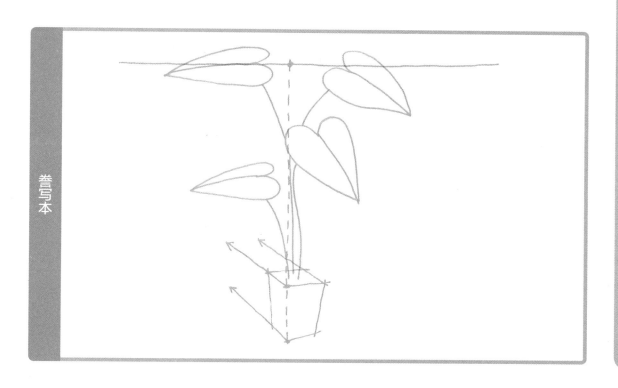

LESSON

2-3

室内植物的画法

瓜栗

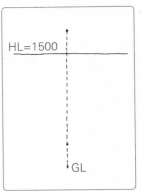

HL=1500

GL

❶HL 的设定
以 GL 为 起 点 1500mm 的位置为 HL 的高度, 画出从以 GL 为起点的高。

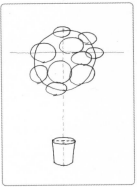

❷画出叶子的饱满感
首先画出整体叶子的范围, 再在其中画出每一片叶子。

❸描绘细节
叶子 5 片为一组。尽量排列混乱一些, 角度不要相同。

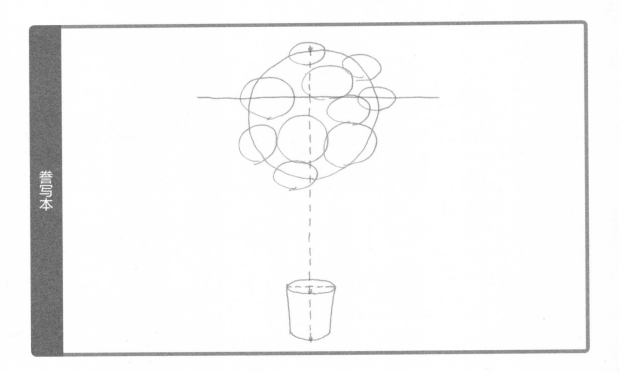

誊写本

椰子

HL=1500

GL

❶HL的设定
以GL为起点1500mm
的位置为HL的高度,画
出从以GL为起点的高。

❷画出叶子的饱满感
叶子呈长菱形。方向要
零散一些。

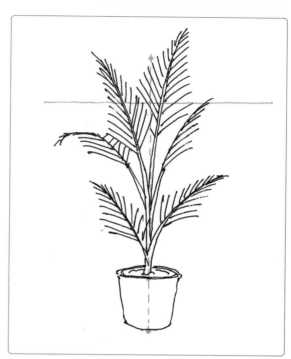

❸描绘细节
一片一片的叶子要呈菱形绘画。

誊写本

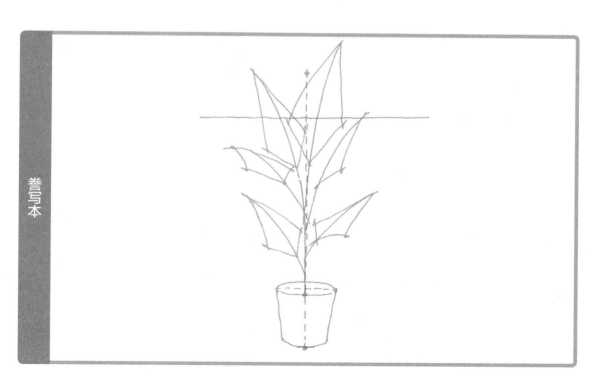

LESSON

2-3

室内植物的画法

LESSON 3-1 室内空间的画法

1灭点透视

设计图

▼平面图

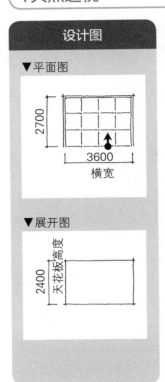

2700

3600
横宽

▼展开图

2400 天花板高度

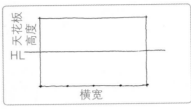

❶HL 的设定

画出房间的断面（横宽以及天花板高度），将 HL 设定在1200mm 的高度。地板900mm 间隔的点位。

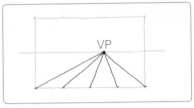

❷VP 的设定

在视线的前方确定 VP 的位置，连接纵深方向的线。

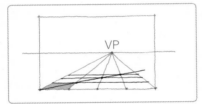

❸画出地板的网格

以第一个正方形网格为基础向水平方向的网格延伸。接下来画出正方形的对角线并向内侧延长，找到纵深方向的网格的交点，画出第二排的网格。

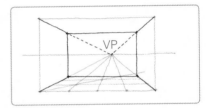

❹画出墙壁

墙壁的位置只要画出地板至天花板的墙壁即可。
天花板的纵深方向的线也是朝向VP 的。
利用对角线将前面的网格延长。

誊写本

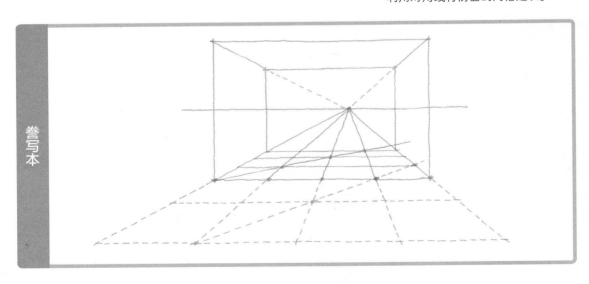

绘制室内透视图时，首先要从空间的构成开始，地板、墙壁、天花板等。然后再加入家具或装饰小物。

本章我们将利用网格来对空间的尺寸有一个了解。

2 灭点透视

LESSON

3-1

室内空间的画法

设计图

▼ 平面图

2700

3600
横宽

▼ 展开图

2,400
天花板高度

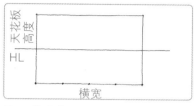

❶ HL的设定

与1灭点透视相同画出房间的断面（横宽和天花板高度），将HL设定在1200mm的高度，地板900mm间隔的点位。

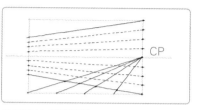

❷ 画出地板的网格

连接点位与CP，找到任意角度与地板的线的交点，画出正面的透视线（透视线的画法参考P19）。

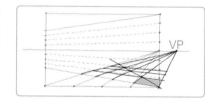

❸ 画出地板的网格

以第一个正方形网格为基础向水平方向的网格延伸。接下来画出正方形的对角线并向内侧延长，找到纵深方向的网格的交点，画出第二排的网格。

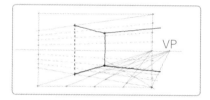

❹ 画出墙壁

墙壁的位置只要画出地板至天花板的墙壁即可。天花板的水平方向的线为透视线，纵深方向的线朝向VP。

誊写本

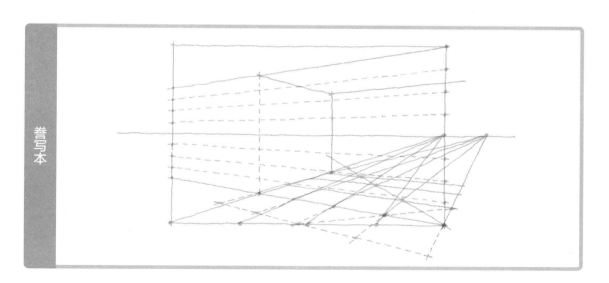

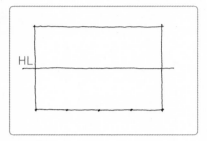

凹凸的平面（1灭点）

▼平面图

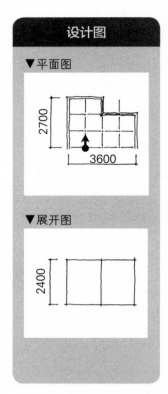

2700
3600

▼展开图

2400

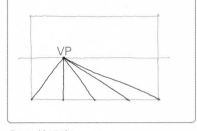

❶HL 的设定
画出房间的断面（横宽和天花板高度），将 HL 设定在1200mm 的高度，地板900mm 间隔的点位。

❷VP 的设定
在视线的前方确定 VP 的位置，连接纵深方向的线。

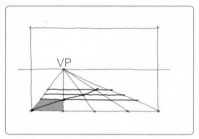

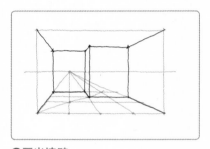

❸画出地板的网格
画出最内侧的纵深的空间，纵深方向画出3排网格。

❹画出墙壁
配合平面图的凹凸画出墙壁即可。

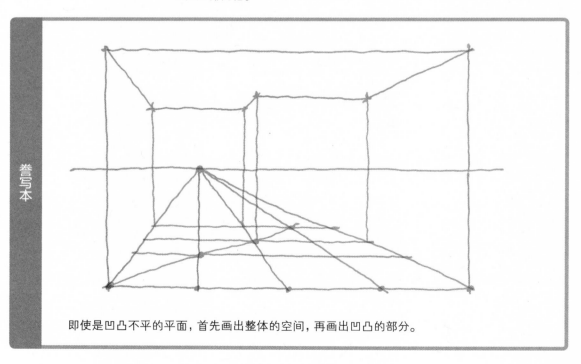

即使是凹凸不平的平面，首先画出整体的空间，再画出凹凸的部分。

卷写本

倾斜的平面（1灭点）

设计图

▼平面图

▼展开图

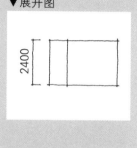

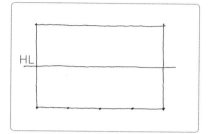

❶HL的设定
画出房间的断面（横宽和天花板高度），将HL设定在1200mm的高度，地板900mm间隔的点位。

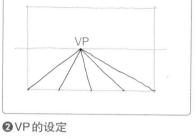

❷VP的设定
在视线的前方确定VP的位置，连接纵深方向的线。

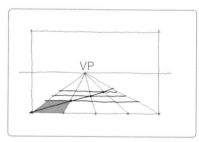

❸画出地板的网格
画出最内侧的纵深的空间，纵深方向画出3排网格。

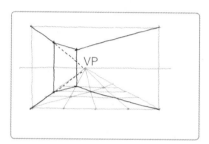

❹画出墙壁
参照平面图，连接倾斜墙壁的两端。

卷写本

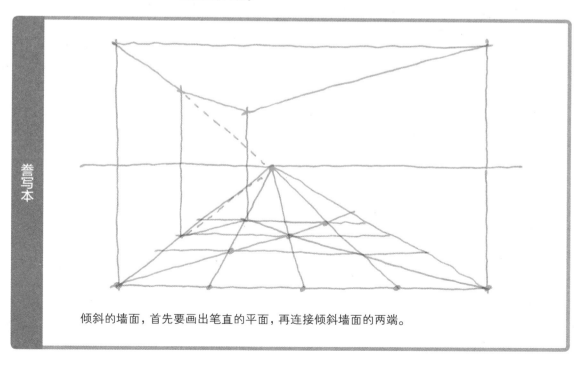

倾斜的墙面，首先要画出笔直的平面，再连接倾斜墙面的两端。

斜面天花板（1灭点）

设计图

▼平面图

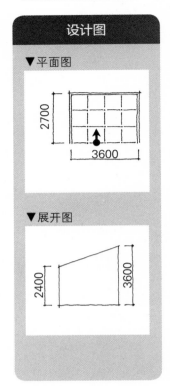

2700
3600

▼展开图

2400
3600

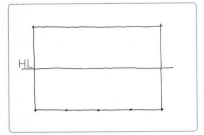

❶HL 的设定

画出房间的断面（横宽和天花板高度），将 HL 设定在 1200mm 的高度。天花板的高度要低一些，地板 900mm 间隔的点位。

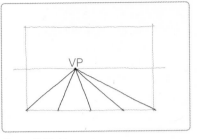

❷VP 的设定

在视线的前方确定 VP 的位置，连接纵深方向的线。

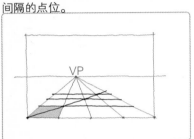

❸画出地板的网格

画出最内侧的纵深的空间，纵深方向画出 3 排网格。

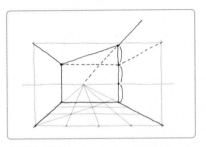

❹画出墙壁

在前面或后面画出斜面高的部分。

誊写本

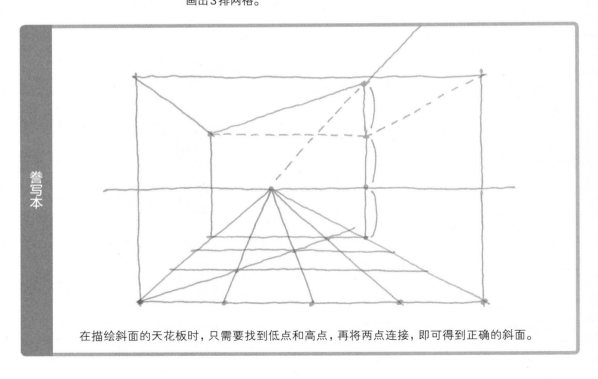

在描绘斜面的天花板时，只需要找到低点和高点，再将两点连接，即可得到正确的斜面。

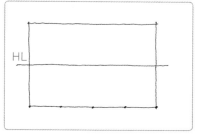

飘窗（1灭点）

设计图

▼平面图

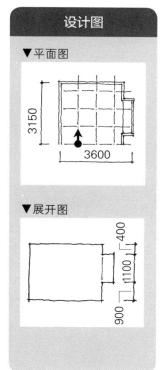

3150

3600

▼展开图

400
1100
900

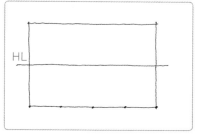

❶HL的设定

画出房间的断面（横宽和天花板高度），将HL设定在1200mm的高度，地板900mm间隔的点位。

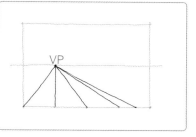

❷VP的设定

在视线的前方确定VP的位置，连接纵深方向的线。

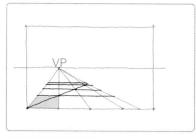

❸画出地板的网格

画出最内侧的纵深的空间，纵深方向画出3排网格。

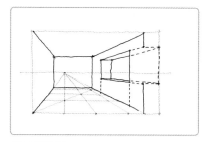

❹画出墙壁

参照平面图和展开图确定飘窗的位置。

LESSON

3-1

室内空间的画法

誊写本

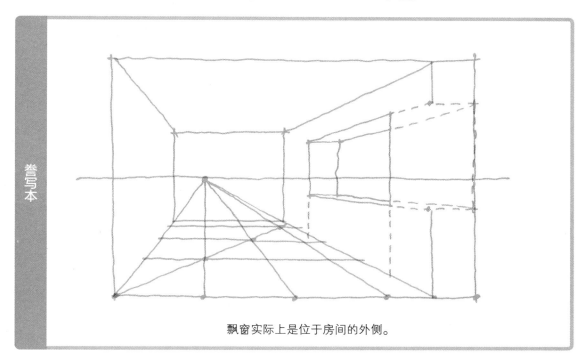

飘窗实际上是位于房间的外侧。

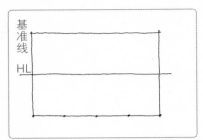

凹凸的平面（2灭点）

设计图

▼平面图

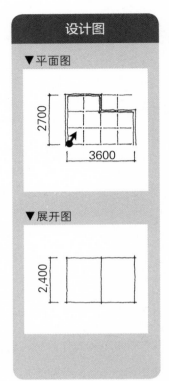

2700
3600

▼展开图

2,400

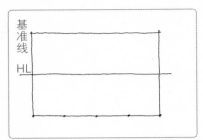

❶HL的设定

画出房间的断面（横宽和天花板高度），将HL设定在1200mm的高度，地板900mm间隔的点位。

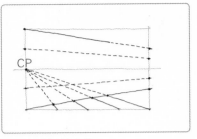

❷画出地板的网格

连接点位与CP，找到任意角度与地板的线的交点。画出正面的透视线。

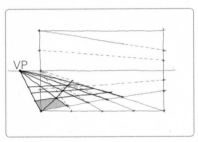

❸画出地板的网格

以第一个正方形网格为基础向水平方向的网格延伸。接下来画出正方形的对角线并向内侧延长，找到纵深方向的网格的交点，画出第二排的网格。

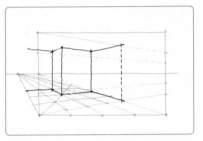

❹画出墙壁

参照平面图的凹凸部分完成墙壁的绘画。

2灭点透视中，天花板的水平方向的线为透视线、纵深方向的线朝向VP。

誊写本

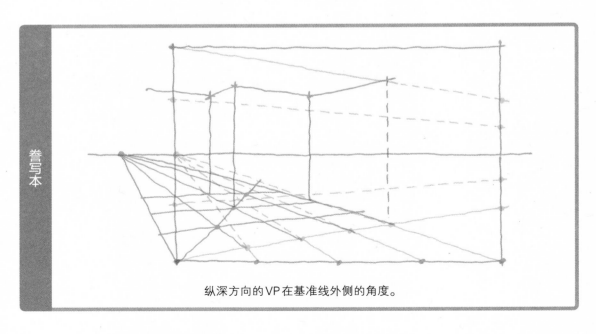

纵深方向的VP在基准线外侧的角度。

斜面天花板（2灭点）

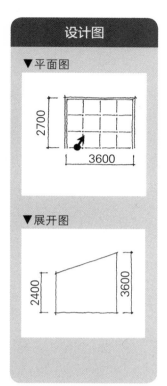

设计图

▼平面图

2700

3600

▼展开图

2400

3600

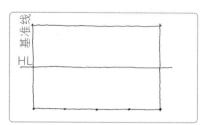

❶HL的设定

画出房间的断面（横宽和天花板高度），将HL设定在1200mm的高度，地板900mm间隔的点位。

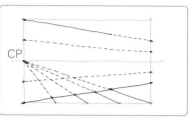

❷画出地板的网格

连接点位与CP，找到任意角度与地板的线的交点。画出正面的透视线。

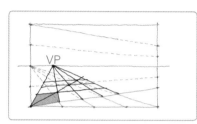

❸画出地板的网格

以第一个正方形网格为基础向水平方向的网格延伸。接下来画出正方形的对角线并向内侧延长，找到纵深方向的网格的交点，画出第二排的网格。

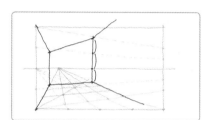

❹画出墙壁

画出前面或者后面斜面较高的一边。

LESSON

3-1

室内空间的画法

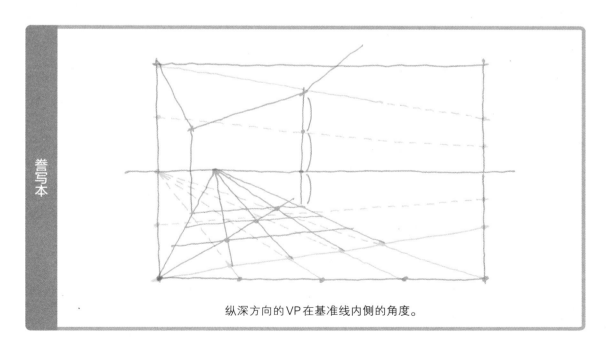

纵深方向的VP在基准线内侧的角度。

誊写本

LESSON 3-2 装饰材料质感的画法

木地板的缝隙（纵向）

1个网格中设定放置6块地板，进行等间隔划分，缝隙的方向是朝向VP的。

再画出水平方向的缝隙。

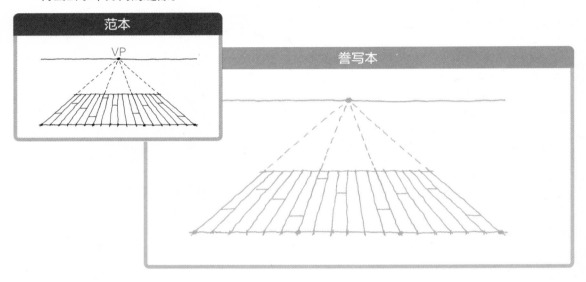

木地板的缝隙（水平方向）

确定纵深方向的缝隙和正方形的网格的交点，画出水平的缝隙。

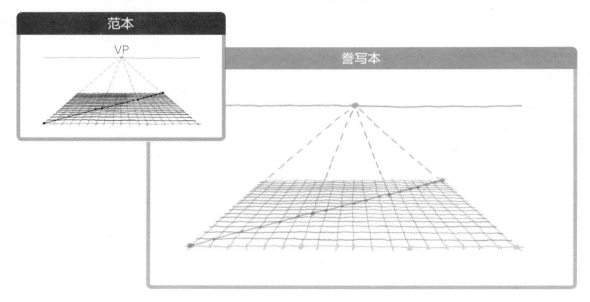

室内装潢透视图并不仅限于空间的表现，还有许多装饰材料。
无论是什么样的素材，都能够通过透视图来绘画。

榻榻米（4叠半）

2格为一叠。只有中央为半叠的正方形。
榻榻米只有长的一边有边缘。

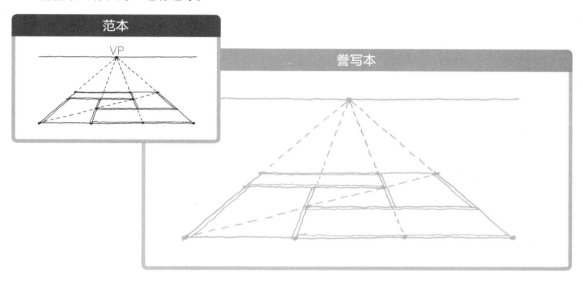

范本

VP

誊写本

瓷砖（300mm角）

将1格分为3份，即可得到300mm角的缝隙。
越向远处，缝隙的宽度越窄。

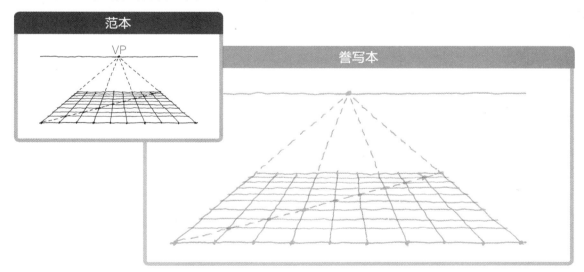

范本

VP

誊写本

瓷砖

将瓷砖墙的高度进行等分，并画出朝向VP的缝隙。

垂直方向的缝隙要间隔着绘画。

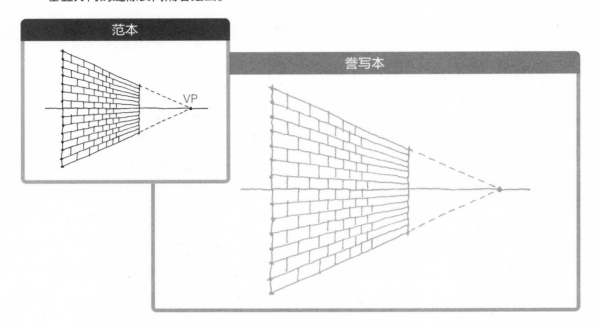

裙板

将墙壁进行大概的分割，在中间画出几块木板。

越向远处，木板的宽度越窄。

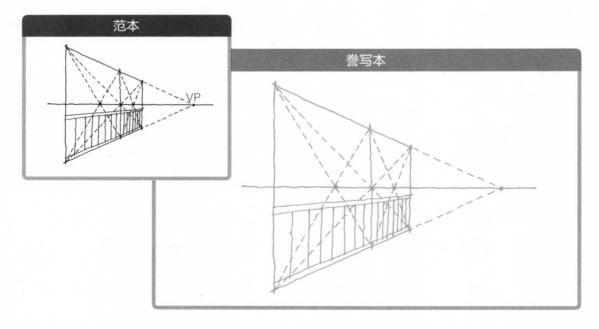

木格天花板

将900mm的网格分为2份，以450mm的间隔画出木条。

横宽以300mm为间隔进行分割，画出朝向VP的天花板的接缝。

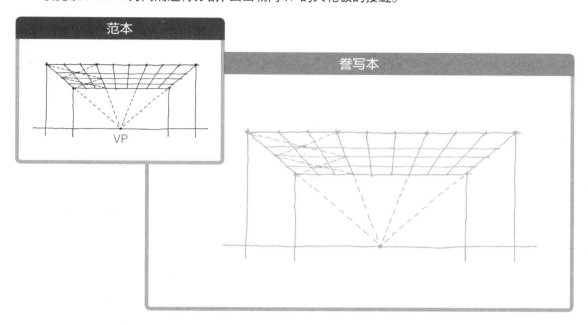

斜面天花板的缝隙

1灭点透视中斜面的线前后是相同的角度。

用分割法画出接缝即可。

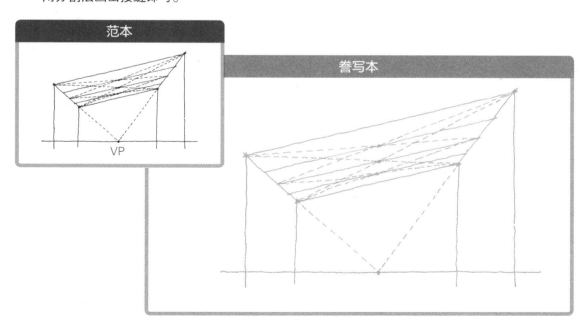

LESSON

3-2

装饰材料质感的画法

使用方格纸设计透视图

在没有熟练掌握绘画技巧前，想要画出垂直或水平的线是很难的。可以利用下图这种方格纸，辅助绘画垂直和水平的线，有利于画出正确的透视图。这也是建筑的专业人士经常使用的手法之一。

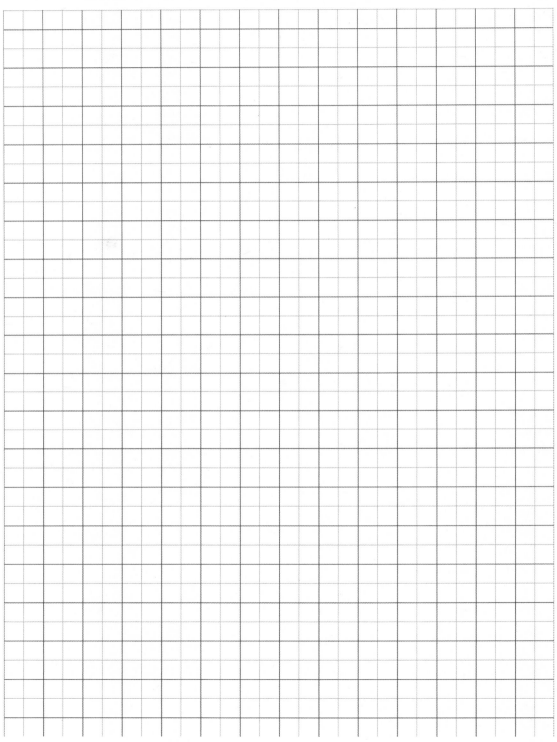

第二部分

实践篇
EXERCISES

在实践篇中，我们会通过各种实例的绘画，了解透视图的组成。
我们已经为大家准备好实例中必要的透视线，大家只要对照范本进行誊写就能自
然地了解到透视线与画面中静物的关系了。

EXERCISE 1 室内透视图的视点

视点的左右

　　视点=根据VP的位置角度发生变化。左右的墙壁宽度都是相同的,但靠近VP的一面宽度就要窄一些,而远离VP的一面就要宽一些。也就是说想要看起来宽一些的话就要选相反方向的视点。

平面图

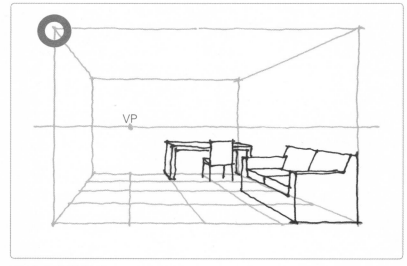

VP在左侧的情况
能很快了解家具的形状和配置的角度。

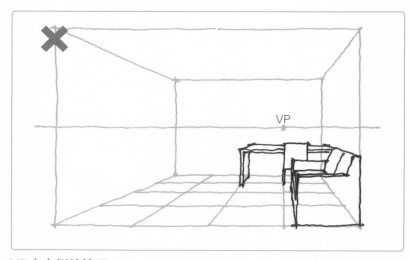

VP在右侧的情况
家具重叠在一起,形状和配置都有些混乱。
因此这个房间比较适合将VP设定在左侧。

视点的高低

　　眼睛的高度＝根据HL的位置角度发生的变化量。住宅的室内装饰HL设定比较合适的区间为1200~1500mm。HL太低的话，地板的宽度就会很窄，太高的话又会很宽。

　　可以根据房间的用途和观察的人的眼睛高度来设定。

断面图

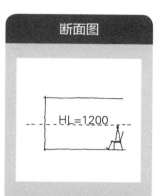

HL在1200mm的位置
坐在椅子上的高度适合于起居室或是餐厅等场景。HL比较低会显得房间比较大。

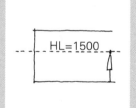

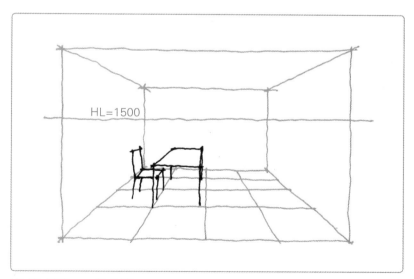

HL在1500mm的位置
站起来的高度比较适合厨房或是玄关等站立的场景。

EXERCISE

1

室内透视图的视点

画面的修剪

如果只需要画房间的一部分时，可以将这部分的网格单独取出来。

平面图

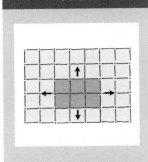

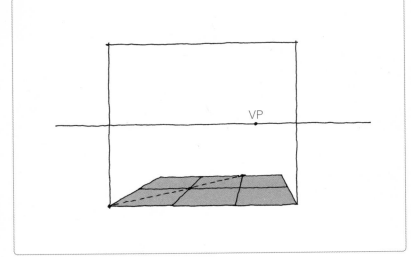

❶确定想要画的部分。
画出平面图中红色部分的网格。

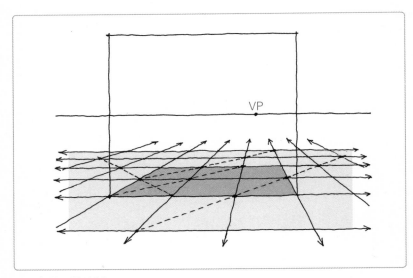

❷画出周围的地板
补足出现在画面中的周围的地板。使用网格的对角线将地板扩大。
2灭点透视中也同样适用。

EXERCISE 2 素描透视图中的家具

室内装潢透视图的顺序，首先是房间的空间（地板、墙壁、天花板），接下来是家具和小物的绘画。

配合房间的大小来画家具是很重要的。

确定家具的位置

在平面图中确定家具的位置。

画出正方形的内接圆即可得到正确的形状。

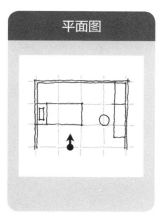

平面图

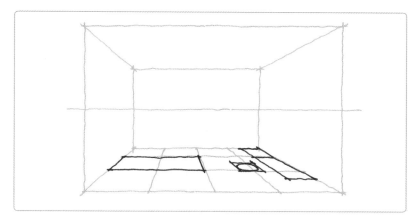

确定家具的高度

无论前后，在什么位置，地板至HL的高度就是HL的高度。

利用这个高度进行分割就能得到正确的高度。

HL=1200mm时，床的高度400mm为地板至HL高度的1/3，书架1800mm为地板至HL高度的1.5倍。

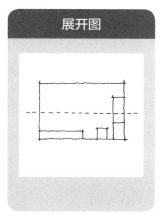

展开图

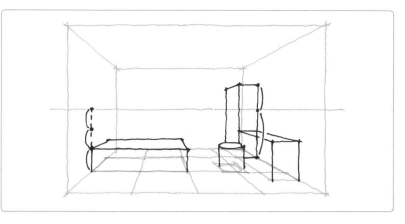

EXERCISE 3 素描透视图中的人

在透视图中画出人物不仅能够给室内的宽度或高度提供参照物,还能表现出生活感。在素描中,不要求将人物画得栩栩如生,只要合乎标准姿势多样即可。

HL = 1500mm

无论人站在什么位置上,眼睛的高度都在HL线上。

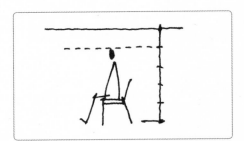

坐着的人的头部位于地板往上1200mm的位置。

HL = 1200mm

坐着的人无论在什么位置,头部的高度都在HL线上。

站立的人的头部在地板往上1500mm的高度。

透视图中人的画法

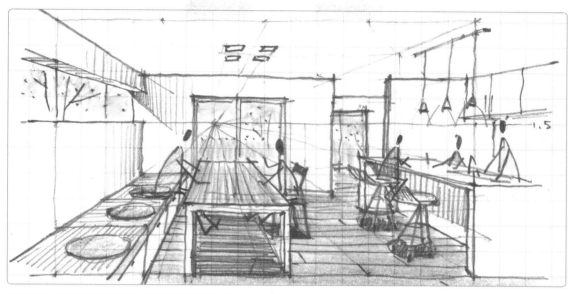

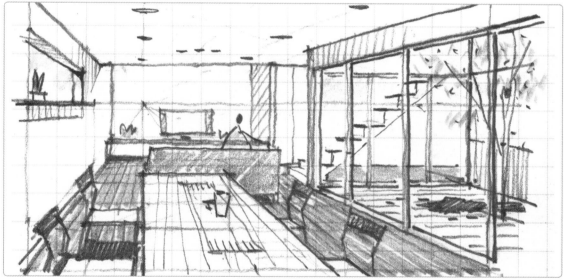

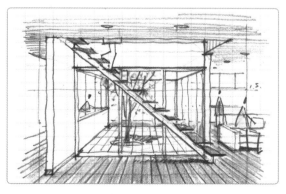

EXERCISE

3

素描透视图中的人

EXERCISE 4 室内透视图

客厅①（1灭点）

平面图

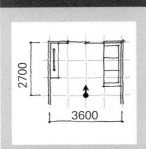

天花板高度 =2400mm
HL=1200mm

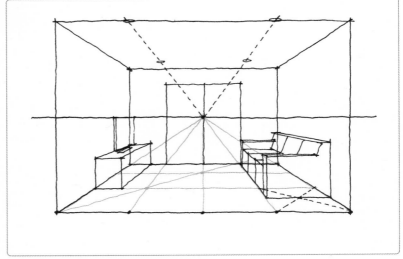

画面中有电视机和沙发。

范本

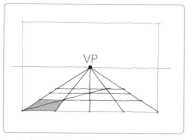

绘画的顺序

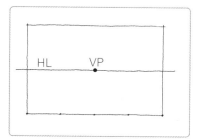

❶HL和VP的设定

宽3600mm×天花板高2400mm×HL1200mm。

HL上的视点设定为VP，在地板上设定900mm间隔的点位。

❷画出地板的网格

画出纵深为2700mm的3排网格。

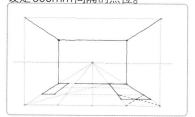

❸确定家具的位置

根据网格确定平面图中家具的位置。

❹确定家具的高度

利用地板至HL的高度（1200mm）确定家具的框架。

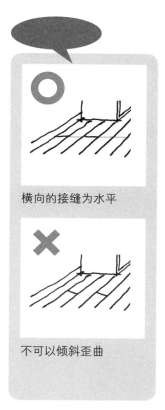

横向的接缝为水平

不可以倾斜歪曲

EXERCISE

4

室内透视图

誊写本

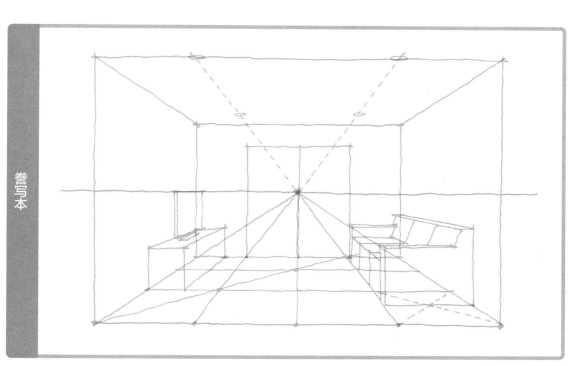

客厅②（1灭点）

沙发左侧的座面要长一些。天花板上的吸顶灯也要画出来。

平面图

2700

3600

天花板高度=2400mm
HL=1200mm

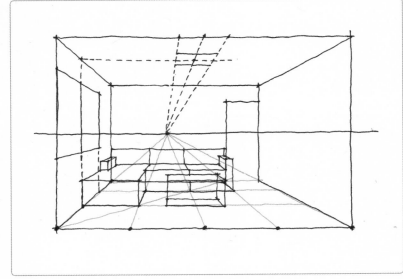

L字形的沙发。

范本

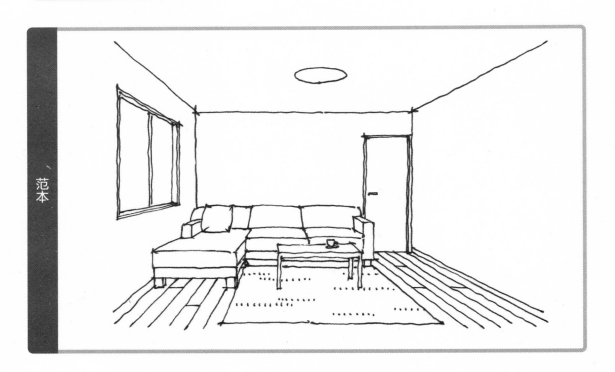

绘画的顺序

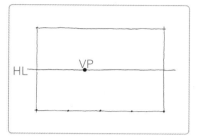

❶ HL和VP的设定

宽3600mm × 天花板高2400mm × HL1200mm。

HL上的视点设定为VP，在地板上设定900mm间隔的点位。

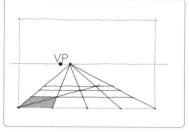

❷ 画出地板的网格

画出纵深为2700mm的3排网格。

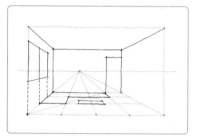

❸ 确定家具的位置

根据网格确定平面图中家具的位置。

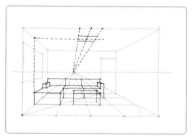

❹ 确定家具的高度

利用地板至HL的高度（1200mm）确定家具的框架。

POINT

要画出靠垫的柔软质感

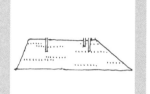

地毯的纹理要呈水平方向。

EXERCISE

4

室内透视图

誊写本

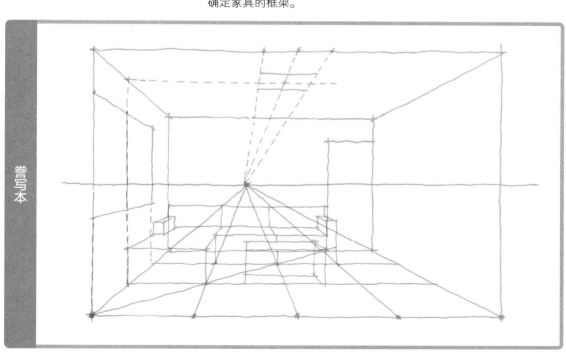

客厅③（2灭点）

2灭点透视图中有正面（水平方向）和侧面（纵深方向）2个VP。
注意透视线画出水平方向的线。

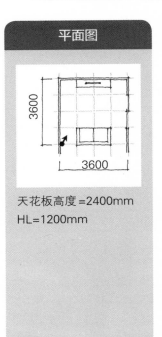

平面图

3600
3600

天花板高度=2400mm
HL=1200mm

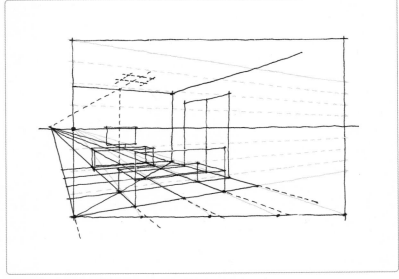

地板向前延伸到适当的地方再进行修剪。

范本

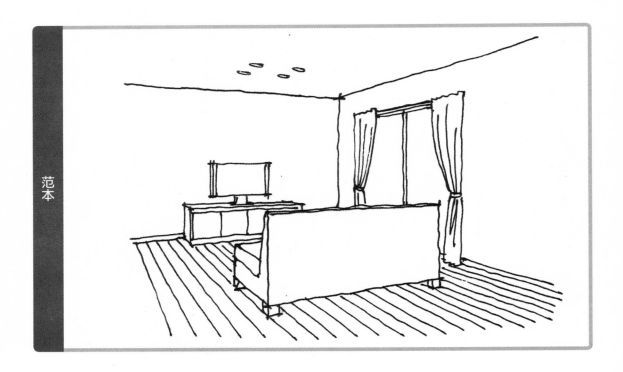

绘画的顺序

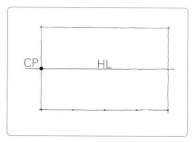

❶HL 和 VP 的设定
宽 3600mm × 天花板高 2400mm ×
HL1200mm。在地板上设定 900mm
间隔的点位。CP 为前面墙壁与 HL
的交点。

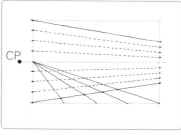

❷画出地板的网格
将 900mm 间隔的网格与 CP 相连。
画出正面（水平方向）的透视线。

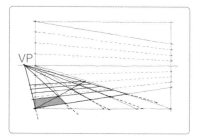

❸画出地板的网格
画出纵深为 3600mm 的 4 排网格。

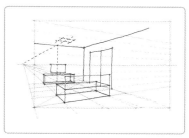

❹画出墙壁·家具
墙壁的高度为 2400mm，家具可以
利用地板至 HL 的高度来确定。

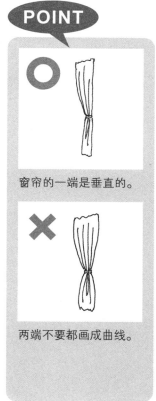

POINT

○ 窗帘的一端是垂直的。

✕ 两端不要都画成曲线。

EXERCISE 4 室内透视图

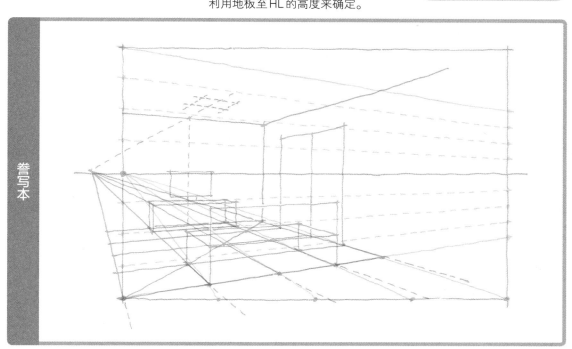

誊写本

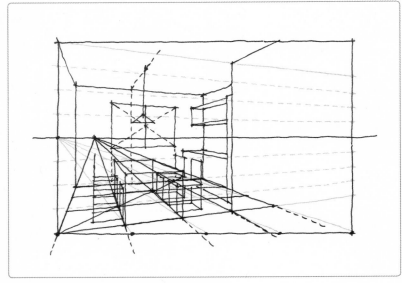

餐厅①（2灭点）

有多把椅子时，不要一把一把地画，只要画好一把椅子再进行前后左右移动就能轻松画好了。
吊灯在桌子正上方的位置。

平面图

2700
3600

天花板高度=2400mm
HL=1200mm

桌子上画一些厨房小物件更能增添生活感。

范本

绘画的顺序

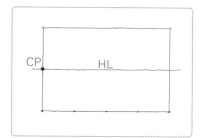

❶HL 和 VP 的设定
宽 3600mm × 天花板高 2400mm ×
HL1200mm。在地板上设定 900mm
间隔的点位。CP 为前面墙壁与
HL 的交点。

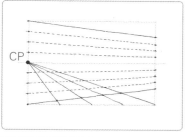

❷画出地板的网格
将 900mm 间隔的网格与 CP 相连。
画出正面(水平方向)的透视线。

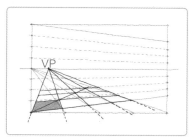

❸画出地板的网格
画出纵深为 2700mm 的 3 排网格。

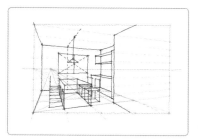

❹画出墙壁·家具
墙壁的高度为 2400mm，家具可以
利用地板至 HL 的高度来确定。

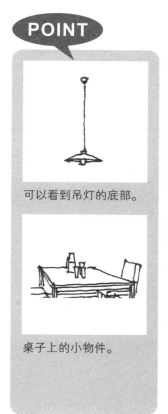

POINT

可以看到吊灯的底部。

桌子上的小物件。

EXERCISE

4

室内透视图

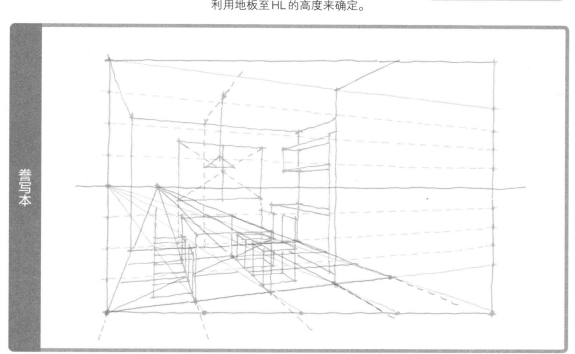

卷写本

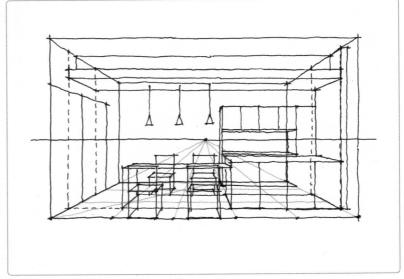

餐厅②（1灭点）

注意餐桌和橱柜的高度。

3个吊灯位于桌子的正上方。

平面图

2700
4500

天花板高度=2400mm

HL=1200mm

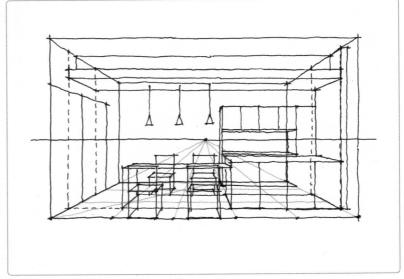

桌子上画一些厨房小物件更能增添生活感。

范本

绘画的顺序

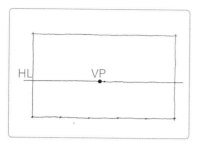

❶ HL 和 VP 的设定
HL 上的视点设定为 VP，在地板上设定 900mm 间隔的点位。

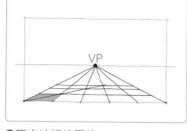

❷ 画出地板的网格
画出纵深为 2700mm 的 3 排网格。

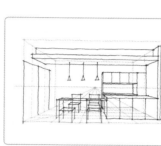

❸ 确定家具的位置
根据网格确定平面图中家具的位置

❹ 确定家具的高度
利用地板至 HL 的高度（1200mm）确定家具的框架。

POINT

百叶窗的线也同样朝向

水果的画法。

EXERCISE

4

室内透视图

誊写本

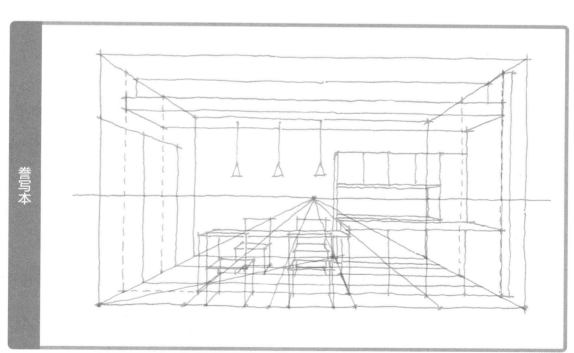

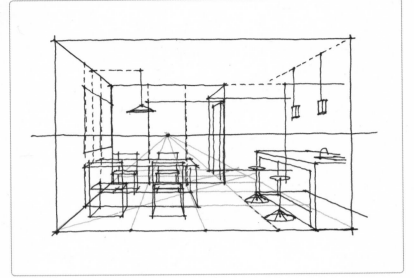
餐厅③（1灭点）

平面图

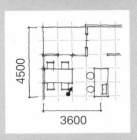

4500
3600

天花板高度=2400mm
HL=1200mm

有凹凸的房间首先画出最内侧的网格。
吧台椅要比餐椅更高一些。

范本

绘画的顺序

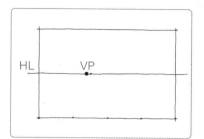

❶HL和VP的设定
HL上的视点设定为VP，在地板上设定900mm间隔的点位。

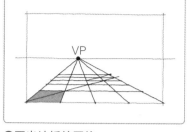

❷画出地板的网格
画出纵深为4500mm的5排网格。

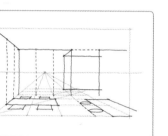

❸确定家具的位置
根据网格确定平面图中家具的位置。

❹确定家具的高度
利用地板至HL的高度（1200mm）确定家具的框架。

POINT

越向远处缝隙越窄。

树叶的画法。

EXERCISE

4

室内透视图

誊写本

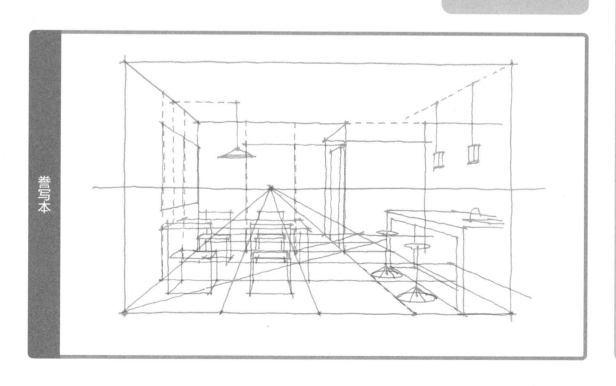

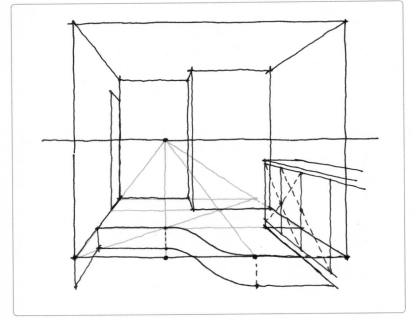
玄关（1灭点）

平面图

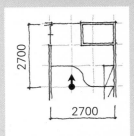

天花板高度=2400mm
HL=1200mm

在水平的地面上画出网格，先确定上升框架的形状，再将前面下沉300mm。
确定弯曲的端点画出曲线。

范本

绘画的顺序

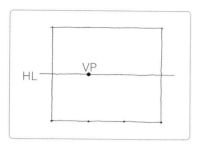

❶HL 和 VP 的设定
HL 上的视点设定为 VP，在地板上设定 900mm 间隔的点位。

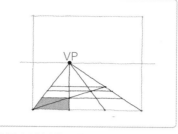

❷画出地板的网格
画出纵深为 2700mm 的 3 排网格。

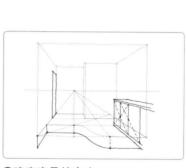

❸确定家具的位置
根据网格确定平面图中家具的位置。

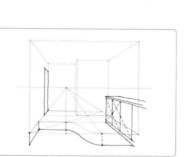

❹确定家具的高度
利用地板至 HL 的高度（1200mm）确定家具的框架。
画出地板 300mm 的台阶差。

POINT

曲线的画法。

椭圆上下、左右都要对称。

EXERCISE

4

室内透视图

卷写本

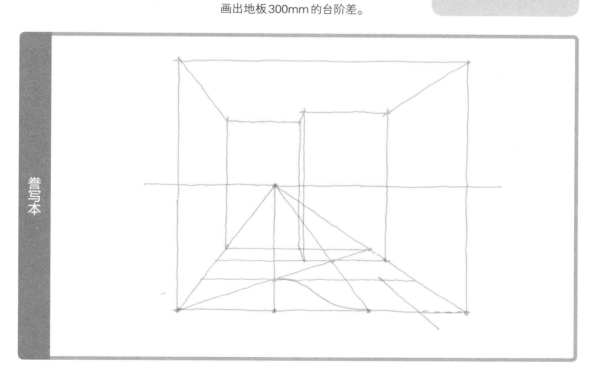

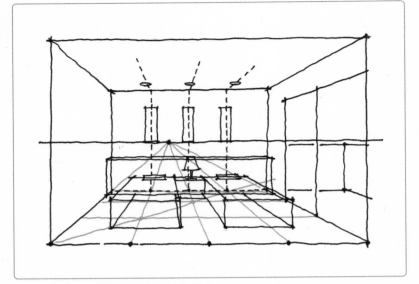
寝室①（1灭点）

平面图

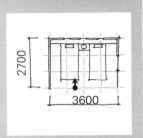

2700
3600

天花板高度=2400mm
HL=1200mm

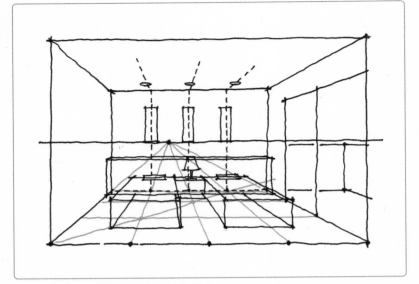

先画出室内的网格，再画出窗外的阳台。

范本

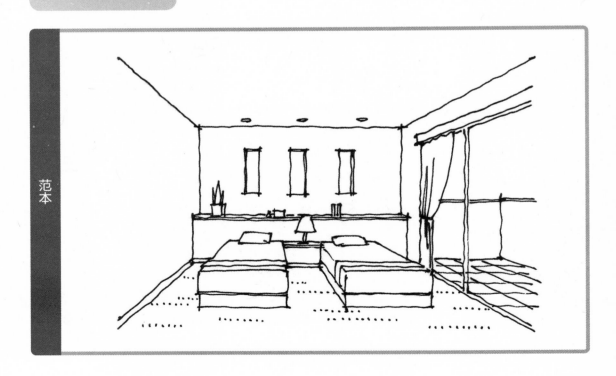

绘画的顺序

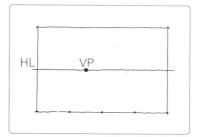

❶ HL 和 VP 的设定
HL 上的视点设定为 VP，在地板上
设定 900mm 间隔的点位。

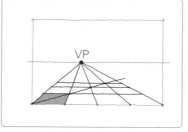

❷ 画出地板的网格
画出纵深为 2700mm 的 3 排网格。

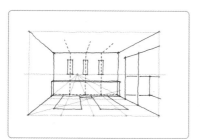

❸ 确定家具的位置
根据网格确定平面图中家具的位置。
画出阳台的部分。

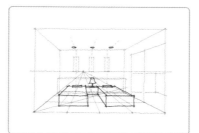

❹ 确定家具的高度
利用地板至 HL 的高度（1200mm）
确定家具的框架。

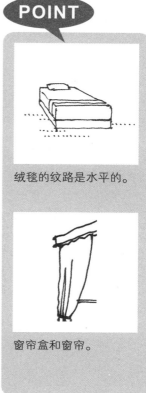

POINT

绒毯的纹路是水平的。

窗帘盒和窗帘。

EXERCISE

4

室内透视图

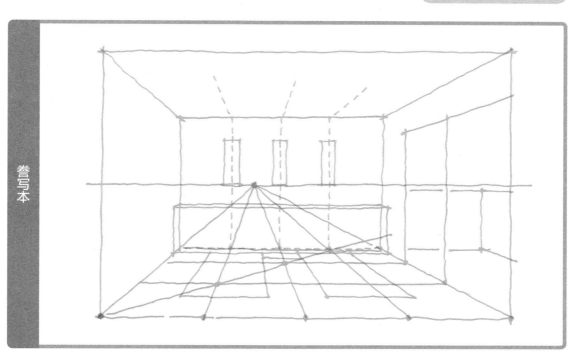

誊写本

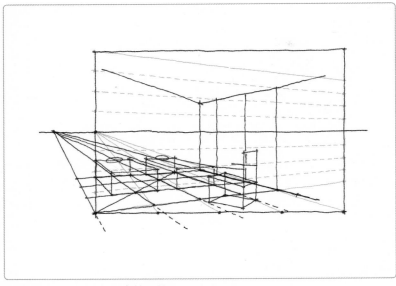

寝室②（2灭点）

平面图

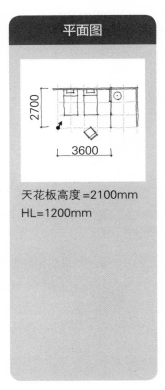

天花板高度=2100mm
HL=1200mm

向前延伸一个网格，画出扶手椅。

范本

绘画的顺序

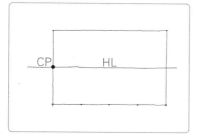

❶ HL 和 CP 的设定
在地板上设定 900mm 间隔的点位。
CP 为前面墙壁与 HL 的交点。

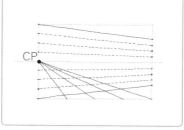

❷ 画出地板的网格
将 900mm 间隔的网格与 CP 相连。
画出正面（水平方向）的透视线。

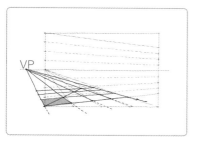

❸ 画出地板的网格
画出纵深为 2700mm 的 3 排网格。

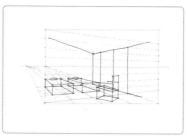

❹ 画出墙壁·家具
墙壁的高度为 2100mm，家具可以
利用地板至 HL 的高度来确定。

POINT

床单的画法。

摇椅的脚是曲线。

EXERCISE

4

室内透视图

誊写本

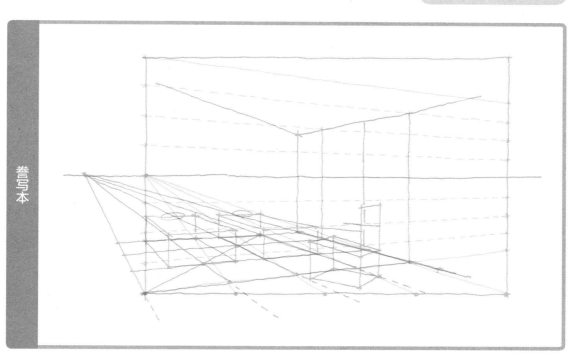

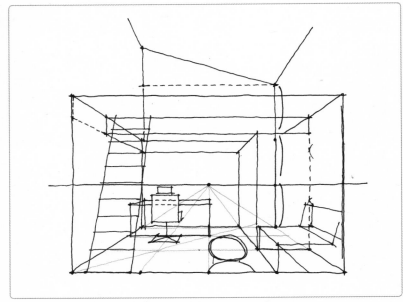

阁楼（1灭点）

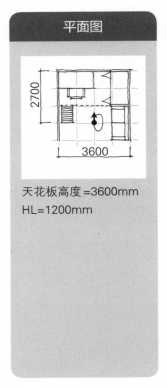

天花板高度 =3600mm
HL=1200mm

天花板很高，首先要画出从地面到隔层的高度（2400mm）。
利用内侧的墙壁2400mm（阁楼地板的高度）–1200mm（地板至HL的高度）=
1200mm，而得到天花板高度为3600mm。

范本

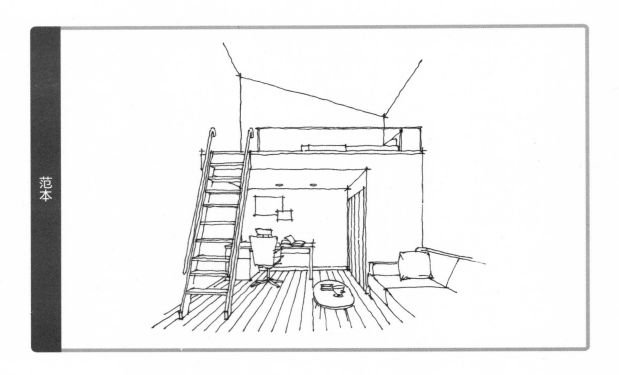

绘画的顺序

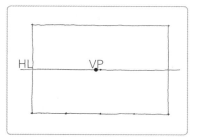

❶HL和VP的设定
HL上的视点设定为VP，在地板上设定900mm间隔的点位。

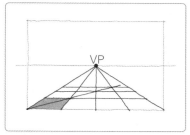

❷画出地板的网格
画出纵深为2700mm的3排网格。

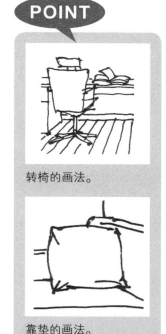

POINT

转椅的画法。

靠垫的画法。

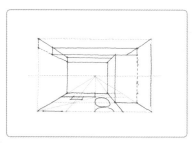

❸确定家具的位置
根据网格确定平面图中家具的位置。画出阁楼的地板。

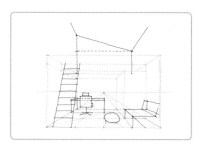

❹确定家具的高度
利用地板至HL的高度（1200mm）确定家具的框架。
画出比阁楼更高的墙壁。

EXERCISE 4 室内透视图

誊写本

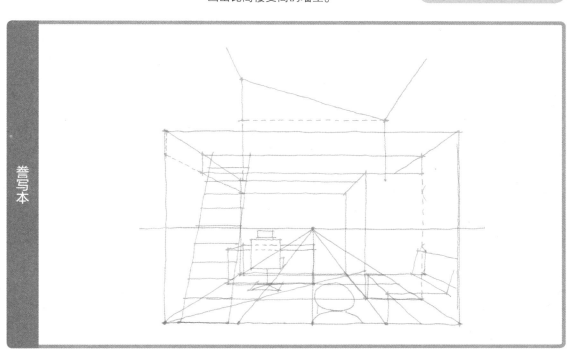

台阶（1灭点）

平面图

1800
3600

天花板高度=2400mm
HL=1500mm

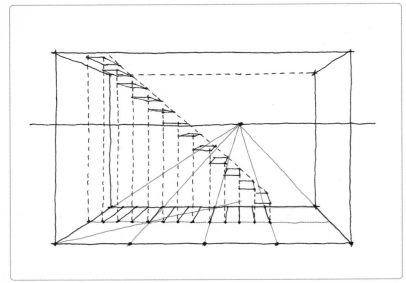

楼梯的正上方为通道，确定2层的高度。
楼梯从第一级台阶开始与最上层台阶相连，画出木板。
1个网格可以放下4片踏板，因此在地板上确定好台阶的位置后再按照它们
各自的高度画出即可。

范本

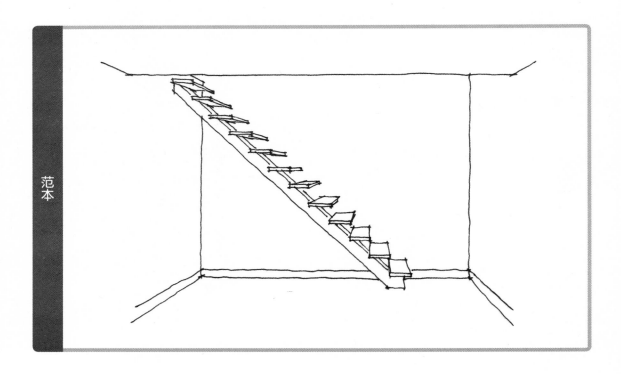

绘画的顺序

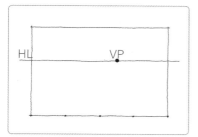

❶HL和VP的设定
HL上的视点设定为VP，在地板上设定900mm间隔的点位。

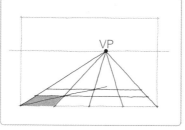

❷画出地板的网格
画出纵深为1800mm的2排网格。

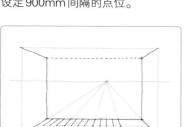

❸确定踏板的位置
一个格子中包含4级台阶。

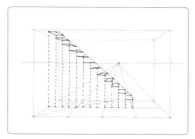

❹确定踏板的高度
台阶一级一级增高。

POINT

HL以上的台阶可以看到底面。

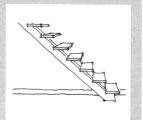

HL以下的台阶可以看到顶面。

EXERCISE

4

室内透视图

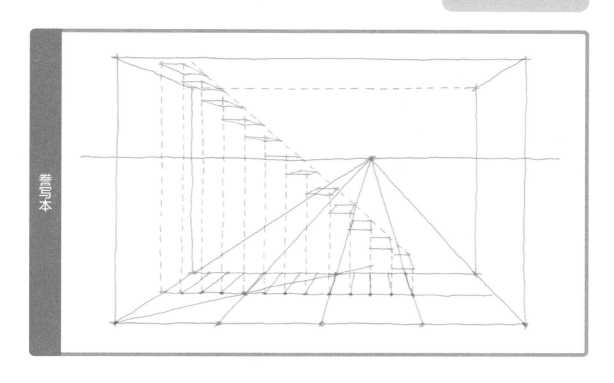

誊写本

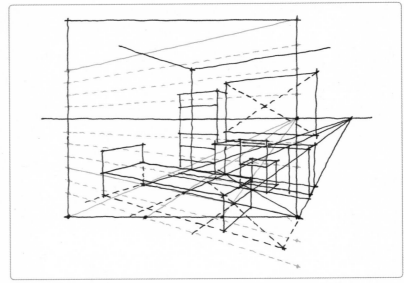

儿童房（2灭点）

平面图

天花板高度=2400mm
HL=1200mm

狭小的房间可以向前面的1个格子延伸，这样会显得更大一些。

范本

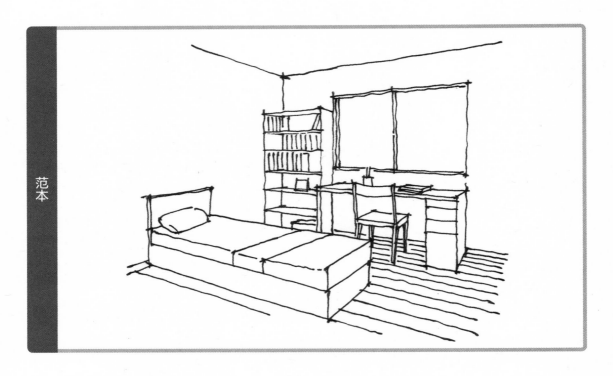

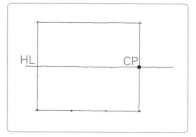
绘画的顺序

❶ HL 和 CP 的设定
HL 上的视点设定为 VP。
在地板上设定 900mm 间隔的点位。

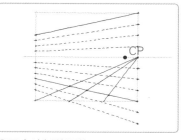

❷ 画出地板的网格
将 900mm 间隔的网格与 CP 相连。
画出正面（水平方向）的透视线。

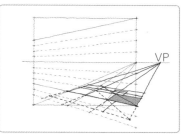

❸ 确定家具的位置
画出纵深为 1800mm 的 2 排网格。根据网格确定平面图中家具的位置。

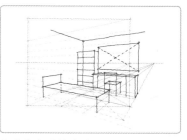

❹ 确定家具的高度
利用地板至 HL 的高度（1200mm）确定家具的框架。

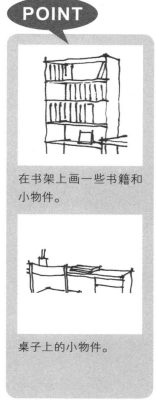

POINT

在书架上画一些书籍和小物件。

桌子上的小物件。

EXERCISE

4

室内透视图

誊写本

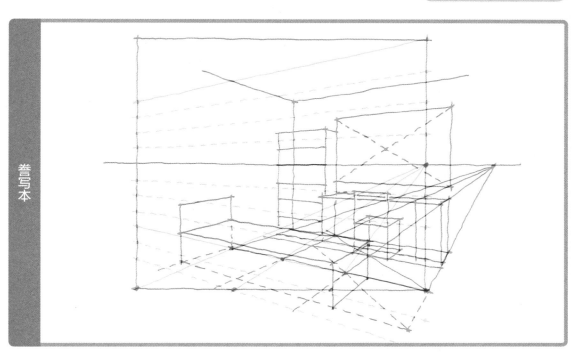

浴室（1灭点）

平面图

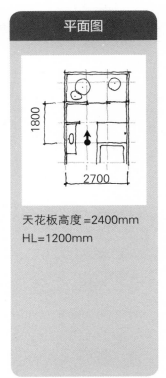

天花板高度=2400mm
HL=1200mm

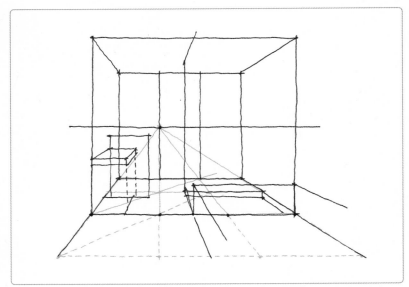

狭小的房间可以向前面的1个格子延伸，这样会显得更大一些。

范本。

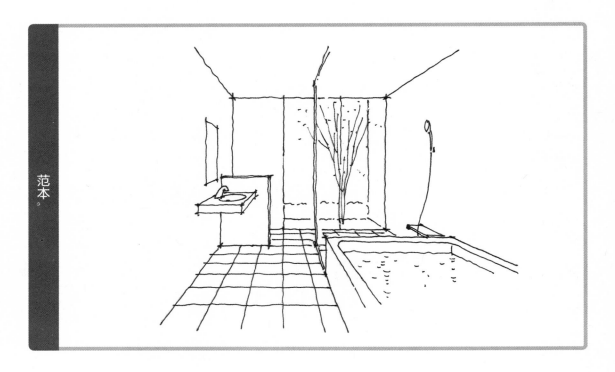

绘画的顺序

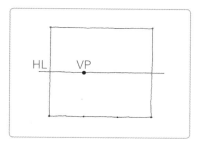

❶ HL 和 VP 的设定
HL 上的视点设定为 VP，在地板上设定 900mm 间隔的点位。

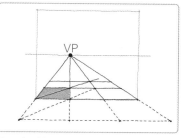

❷ 画出地板的网格
画出纵深为 1800mm 的 2 排网格。向前延伸一个格子。

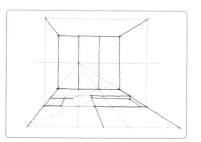

❸ 确定浴室设备的位置
根据网格确定平面图中家具的位置。

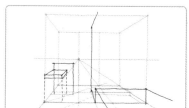

❹ 确定浴室设备的高度
利用地板至 HL 的高度（1200mm）确定设备的框架。

POINT

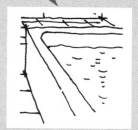

水的画法。

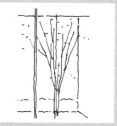

树木的画法。

EXERCISE

4

室内透视图

誊写本

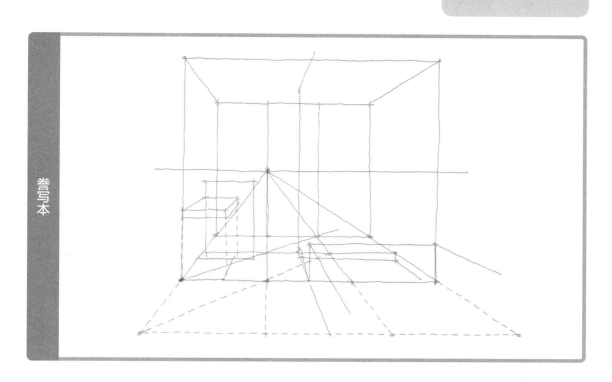

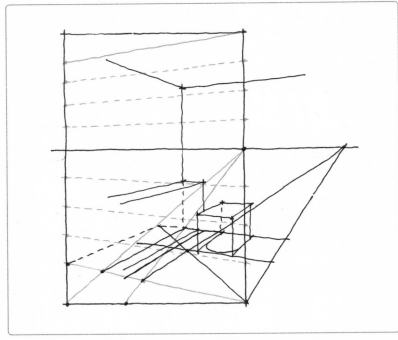

卫生间（2灭点）

平面图

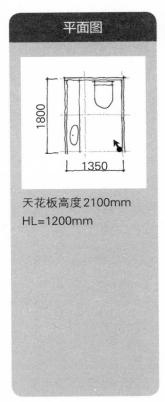

1800

1350

天花板高度2100mm
HL=1200mm

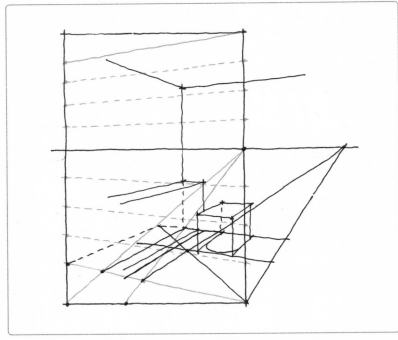

正面（水平方向）为1.5个格子，侧面（纵深方向）为2个格子。

范本

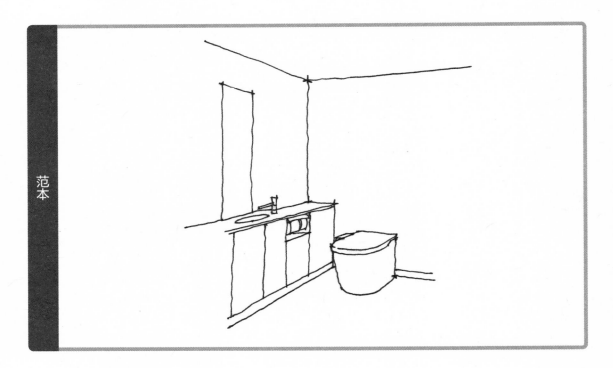

绘画的顺序

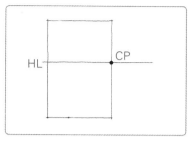

❶HL 和 CP 的设定
在地板上设定 900mm 间隔的点位。
CP 为前面墙壁与 HL 的交点。

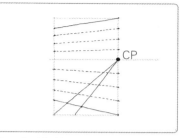

❷画出地板的网格
将 900mm 间隔的网格与 CP 相连。
画出正面（水平方向）的透视线。

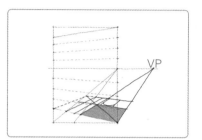

❸画出地板的网格
画出纵深为 1800mm 的 2 排网格。

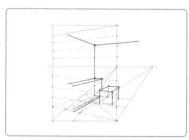

❹画出墙壁·家具
墙壁的高度为 2100mm，家具可以
利用地板至 HL 的高度来确定。

POINT

洗脸台和厕纸的画法。

坐便器的盖子。

EXERCISE

4

室内透视图

誊写本

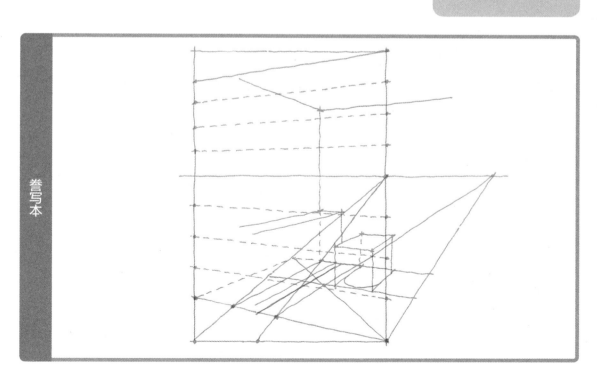

洗面室（2灭点）

平面图

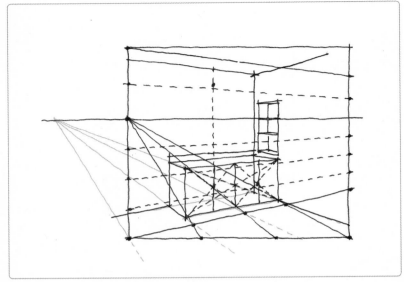

1800
2700

天花板高度 =2400mm
HL=1500mm

洗面室设定为站立高度（1500mm）。
将洗面台的前面分为4份得到门或抽屉。

范本

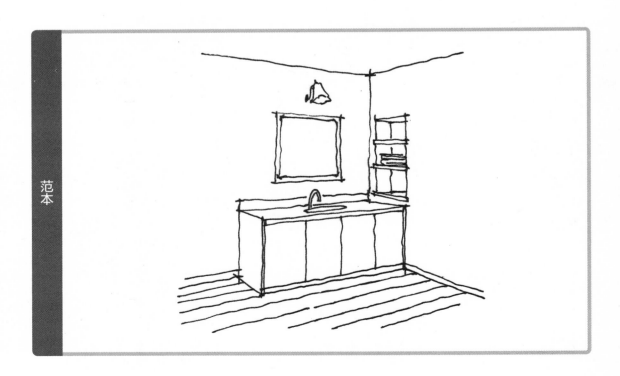

绘画的顺序

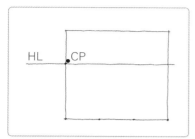

❶ HL和CP的设定
在地板上设定900mm间隔的点位。
CP为前面墙壁与HL的交点。

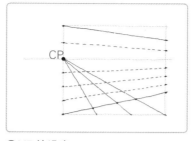

❷ VP的设定
将900mm间隔的网格与CP相连。画
出正面（水平方向）的透视线。

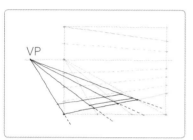

❸ 画出地板的网格
画出纵深为1800mm的3排网格。

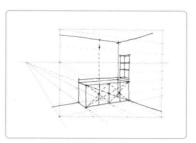

❹ 画出墙壁·家具
墙壁的高度为2400mm，家具可以利
用地板至HL的高度来确定。

POINT

照明的细节。

从墙面里凹下去的样子。

EXERCISE

4

室内透视图

誊写本

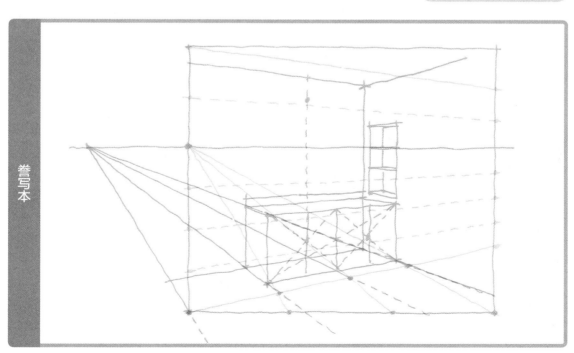

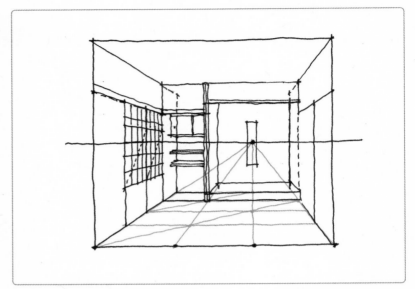

和室（1灭点）

平面图

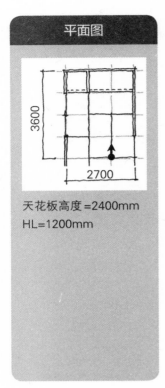

3600
2700

天花板高度=2400mm
HL=1200mm

利用榻榻米的网格画出6叠的形状。

范本

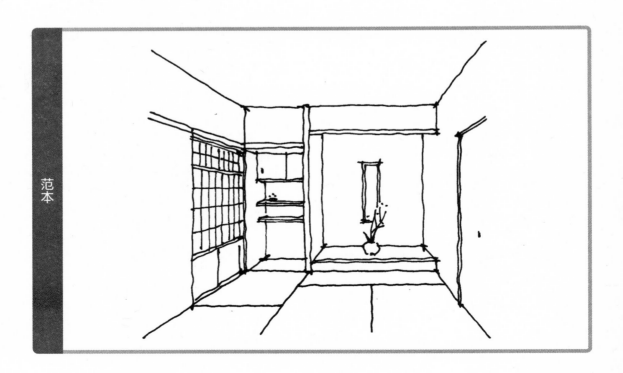

绘画的顺序

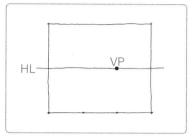

❶HL 和 VP 的设定
HL 上的视点设定为 VP。
在地板上设定 900mm 间隔的点位。

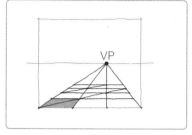

❷画出地板的网格
画出纵深为 3600mm 的 4 排网格。

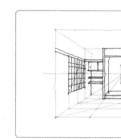

❸确定壁龛和推拉门的位置
根据网格确定平面图中的位置，画出阁楼的地板。

❹确定高度
利用地板至 HL 的高度（1200mm）确定高度。

POINT

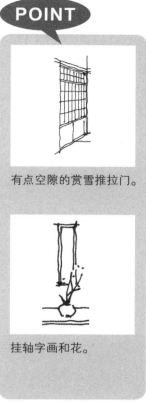

有点空隙的赏雪推拉门。

挂轴字画和花。

EXERCISE

4

室内透视图

誊写本

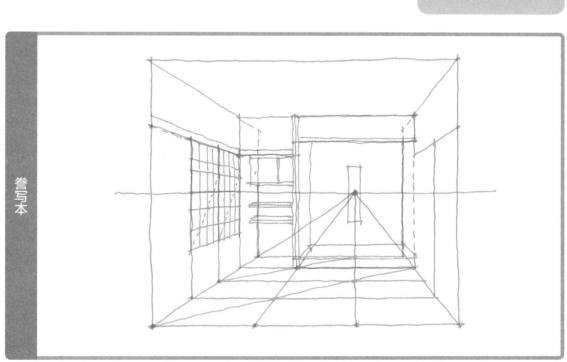

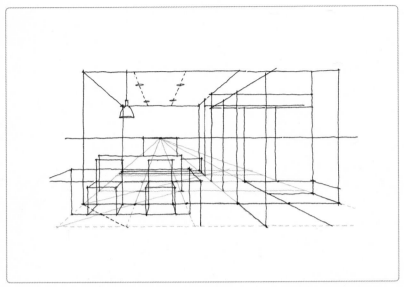

中庭（1灭点）

平面图

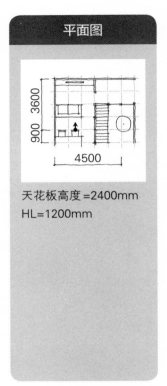

3600
900
4500

天花板高度=2400mm
HL=1200mm

从室内看到中庭的角度。画出包括庭院的范围。地面为地板下降400mm。

范本

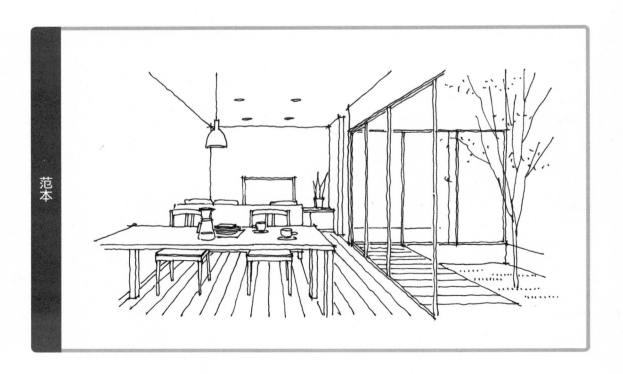

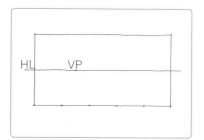

绘画的顺序

❶ HL 和 VP 的设定
HL 上的视点设定为 VP。
在地板上设定 900mm 间隔的点位。

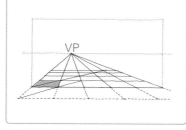

❷ 画出地板的网格
画出纵深为 600mm 的 4 排网格。

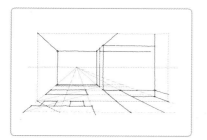

❸ 确定家具的位置
根据网格确定平面图中家具的位置。
地面为地板下降 400mm。

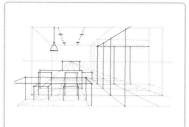

❹ 确定家具的高度
利用地板至 HL 的高度（1200mm）
确定家具的框架。

POINT

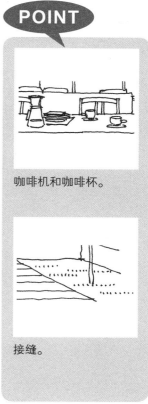

咖啡机和咖啡杯。

接缝。

EXERCISE

4

室内透视图

誊写本

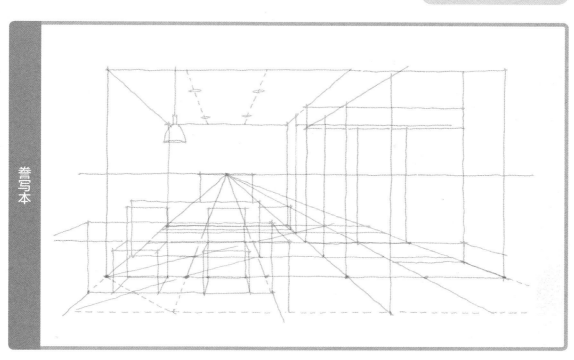

121

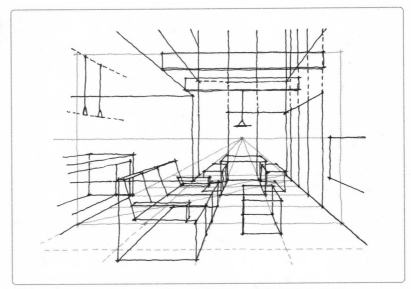

LDK①（1灭点）

平面图

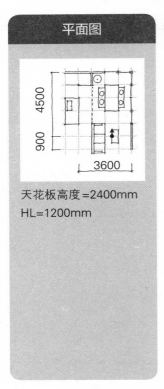

4500
900
3600

天花板高度=2400mm
HL=1200mm

楼梯上的空间，首先确定一层的天花板高度，再补足楼上的空间。

范本

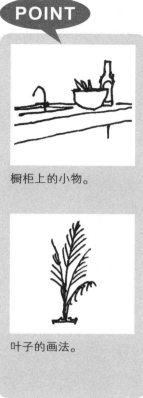

绘画的顺序

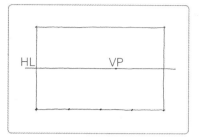

❶HL 和 VP 的设定
HL 上的视点设定为 VP。
在地板上设定 900mm 间隔的点位。

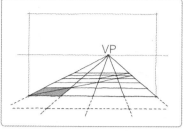

❷画出地板的网格
画出纵深为 4500mm 的 5 排网格。
向前延伸一个格子。

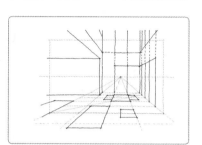

❸确定的位置
在天花板处确定平面的通道的位置。
确定上面空间的 2 层地板高度及扶
手的高度。

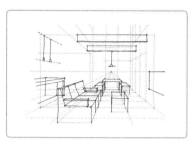

❹确定家具的高度
利用地板至 HL 的高度（1200mm）
确定家具的框架。

POINT

橱柜上的小物。

叶子的画法。

EXERCISE

4

室内透视图

誊写本

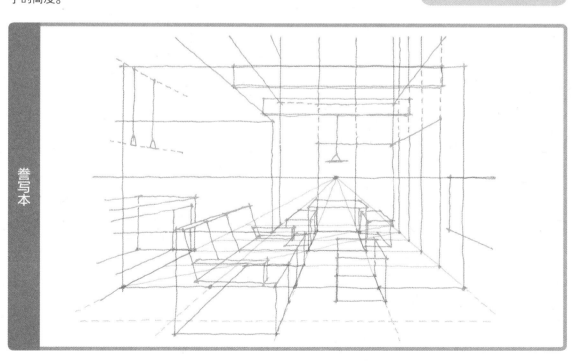

LDK②（2灭点）

平面图

3600
3600
900
3600

天花板高度=2400mm
HL=1200mm

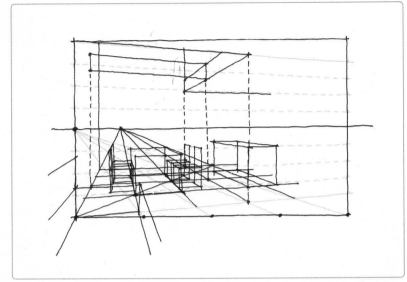

2灭点透视的LDK的中庭空间。房间中有很多的家具，是很复杂的构图。
准确理解朝向正面（水平方向）的VP和侧面（纵深方向）的VP的线的位置
并将其画出。

范本

124

绘画的顺序

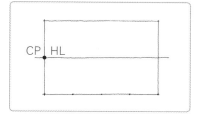

❶ HL和CP的设定
在地板上设定900mm间隔的点位。
CP为前面墙壁与HL的交点。

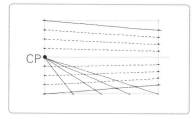

❷ 画出地板的网格
将900mm间隔的网格与CP相连。
画出正面（水平方向）的透视线。

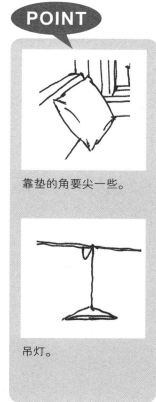

POINT

靠垫的角要尖一些。

吊灯。

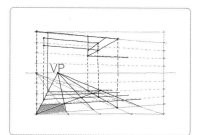

❸ 画出地板的网格以及通道的位置
画出纵深为3600mm的4排网格，
在天井处确定平面的通道的位置。
确定上面空间的2层地板高度以及
扶手的高度。

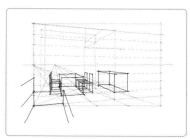

❹ 确定家具的高度
利用地板至HL的高度（1200mm）
确定家具的框架。

EXERCISE

4

室内透视图

誊写本

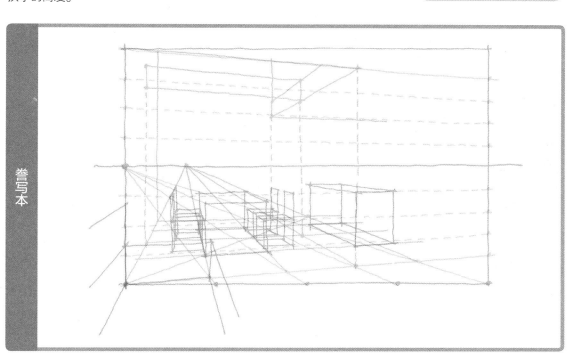

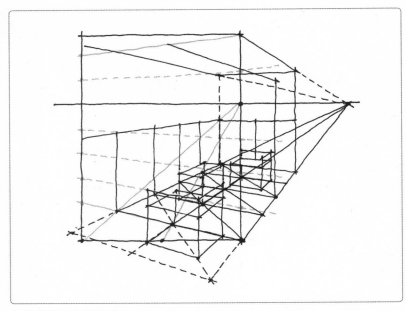

阳台①（2灭点）

平面图

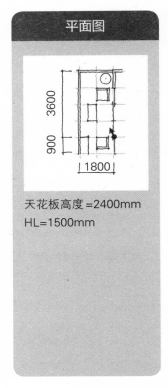

天花板高度=2400mm
HL=1500mm

室内看到阳台的角度。
只画阳台的话可以将房间的前部延长。

范本

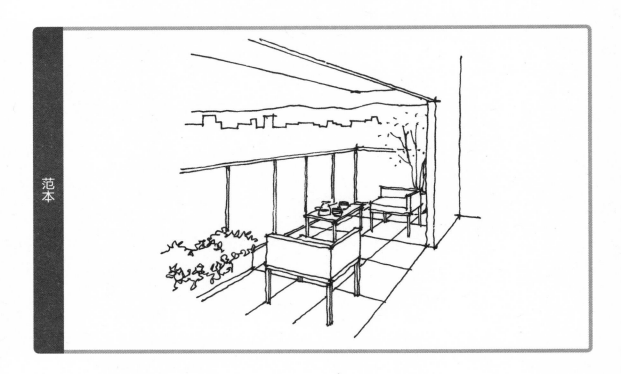

绘画的顺序

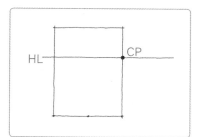

❶HL 和 CP 的设定
在地板上设定 900mm 间隔的点位。
CP 为前面墙壁与 HL 的交点。

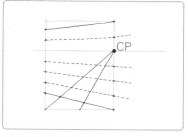

❷画出地板的网格
将 900mm 间隔的网格与 CP 相连。
画出正面 (水平方向) 的透视线。

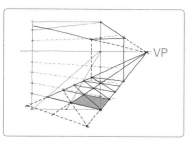

❸画出地板的网格
画出纵深为 3600mm 的 4 排网格。

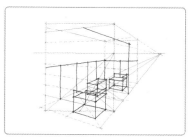

❹确定家具的高度
利用地板至 HL 的高度 (1500mm)
确定家具的框架。

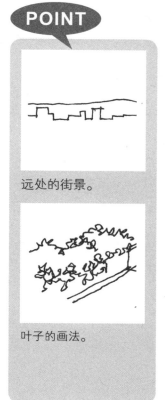

POINT

远处的街景。

叶子的画法。

EXERCISE

4

室内透视图

誊写本

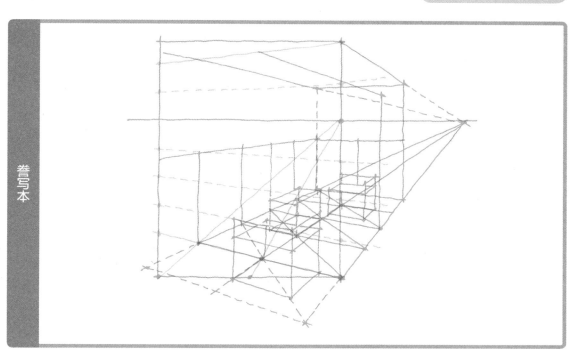

阳台②（1灭点）

平面图

3600
900
4500

天花板高度=2400mm
HL=1500mm

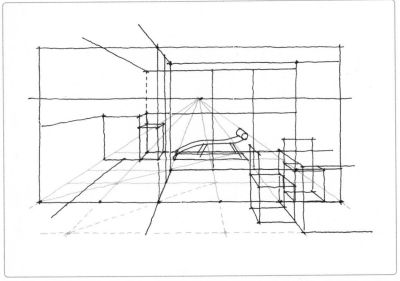

由于我们想要以阳台为主进行绘画，因此选择了窗边的视角。将网格向前延伸，在画面中分别画出餐桌、椅即可。

范本

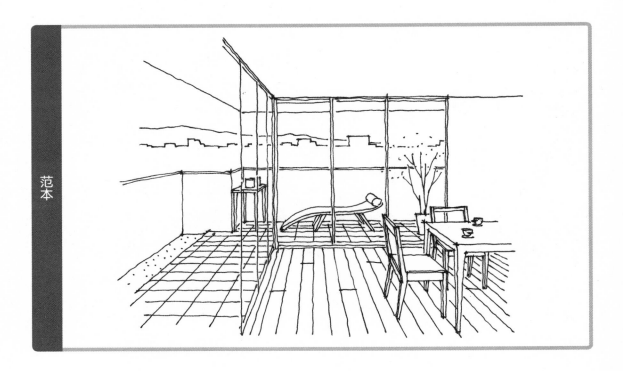

绘画的顺序

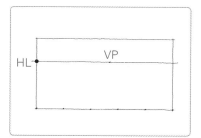

❶HL和VP的设定

HL上的视点设定为VP。

在地板上设定900mm间隔的点位。

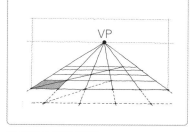

❷画出地板的网格

画出纵深为3600mm的4排网格。

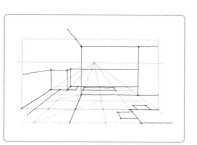

❸确定家具的位置

根据网格确定平面图中家具的位置。

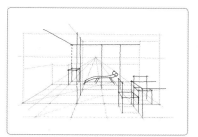

❹确定家具的高度

利用地板至HL的高度(1500mm)确定家具的框架。

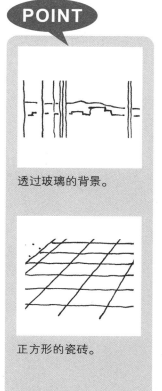

POINT

透过玻璃的背景。

正方形的瓷砖。

EXERCISE

4

室内透视图

誊写本

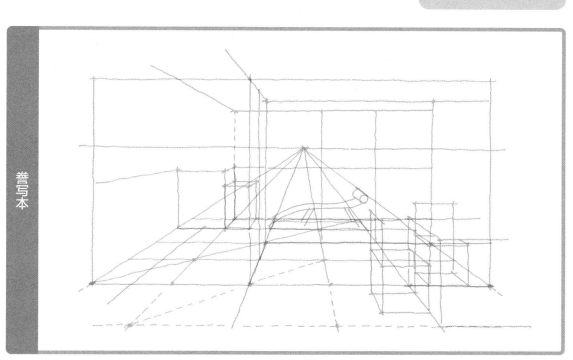

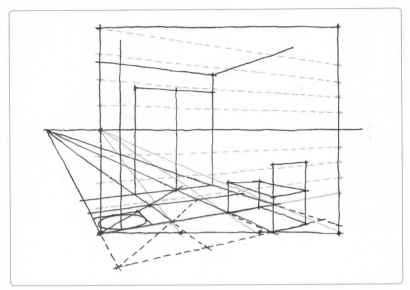

木甲板（2灭点）

平面图

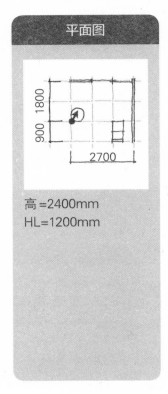

高 =2400mm
HL=1200mm

屋外的透视图与屋内画法相同。有2400mm 的空间开始。
树的高度与家具相同。GL 与 HL 之间的距离为1200mm。

范本

绘画的顺序

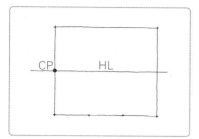

❶ HL 和 CP 的设定

在地板上设定 900mm 间隔的点位。
CP 为前面墙壁与 HL 的交点。

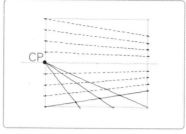

❷ 画出地板的网格

画出正面（水平方向）的透视线。

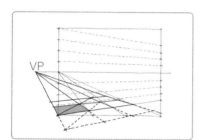

❸ 画出地板的网格

画出纵深为 1800mm 的 2 排网格。

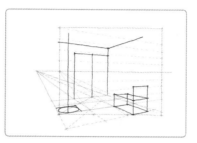

❹ 确定家具・树的高度

利用地板至 HL 的高度（1200mm）
确定家具和树的高度。

POINT

折叠椅。

折叠椅的形状。

EXERCISE

4

室内透视图

誊写本

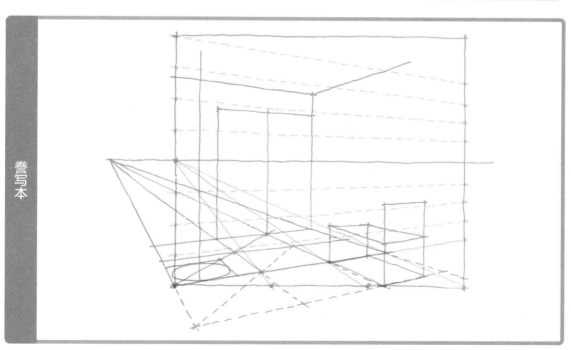

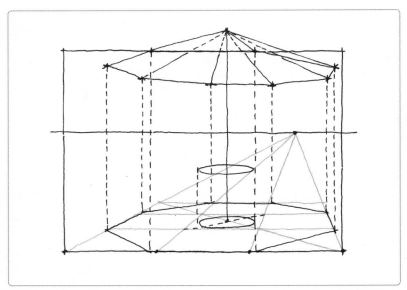

遮阳伞

平面图

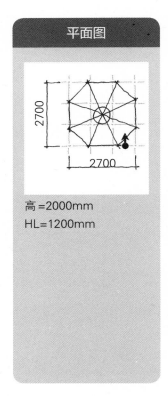

高 =2000mm
HL=1200mm

遮阳伞的高度设定为从地面起2000mm的位置。首先在地面上画出阳伞的平面，再画出2000mm高度的形状。接下来画出中心的柱子。

范本

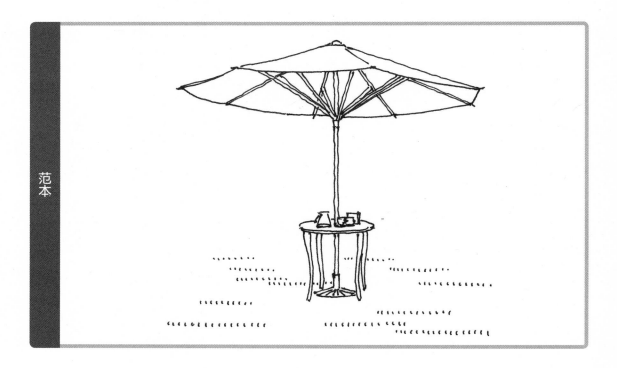

绘画的顺序

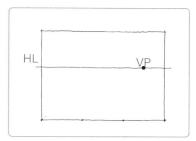

❶ HL 和 VP 的设定
HL 上的视点设定为 VP。
在地板上设定 900mm 间隔的点位。

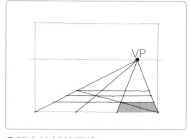

❷ 画出地板的网格
画出纵深为 2700mm 的 3 排网格。

❸ 确定阳伞的位置
根据网格确定平面图中阳伞的位置。

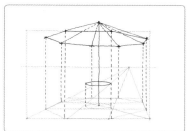

❹ 确定阳伞·家具的高度
利用地板至 HL 的高度（1200mm）
确定阳伞和家具的高度。

POINT

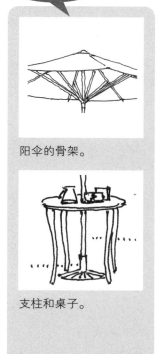

阳伞的骨架。

支柱和桌子。

EXERCISE

4

室内透视图

誊写本

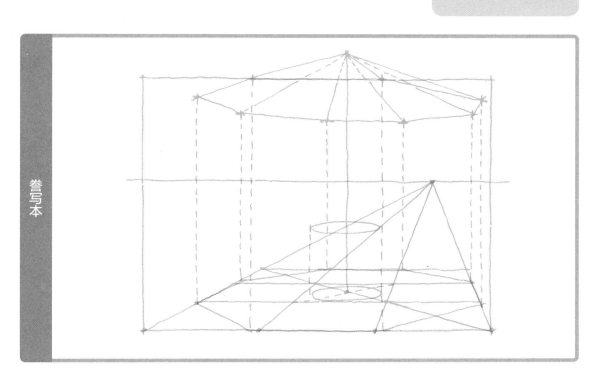

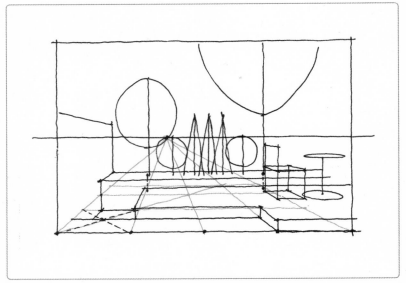
庭院（1灭点）

平面图

2700

3000

高度 =2400mm

HL=1200mm

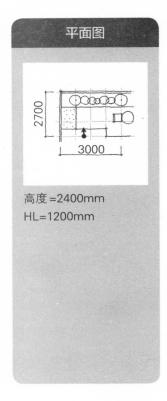

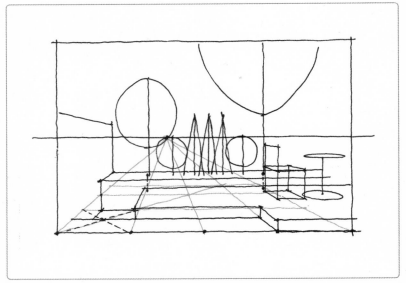

画出前面瓷砖的水平线，再加入台阶的高度差。

椅子在比平面高150mm的位置，因此椅子的高度为HL为1200mm–150mm = 1050mm。

范本

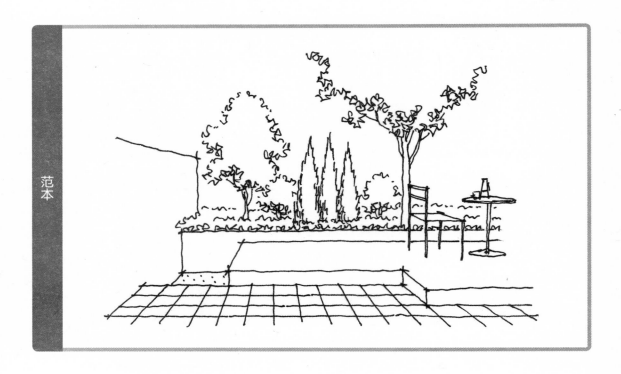

绘画的顺序

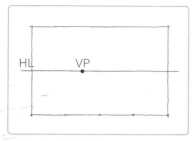

❶ HL 和 VP 的设定
在地板上设定 900mm 间隔的点位。

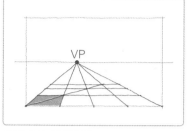

❷ 画出地板的网格
画出纵深为 2700mm 的 3 排网格。

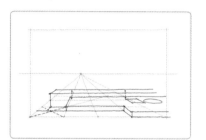

❸ 确定家具·树木的位置
根据网格确定平面图中家具和树木的位置。

❹ 确定家具和树木的高度
利用地板至 HL 的高度（1200mm）确定家具和树木的高度。

POINT

叶子的画法。

针叶树的画法。

EXERCISE

4

室内透视图

卷写本

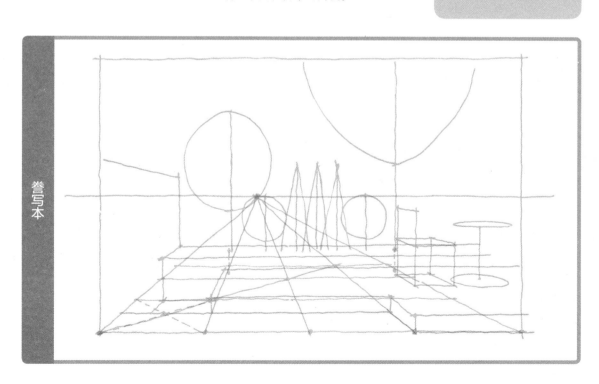

英式花园（1灭点）

平面图

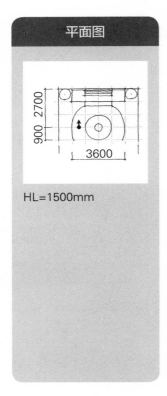

HL=1500mm

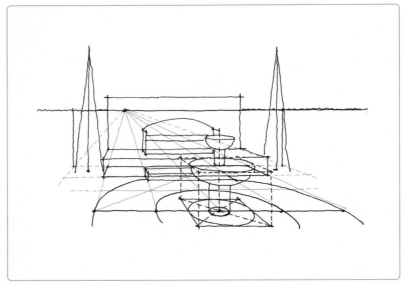

找到圆形和网格的交点对于描绘圆形的人行道会有帮助。
喷泉位于圆的中心位置，确定中心轴后进行描绘。

范本

绘画的顺序

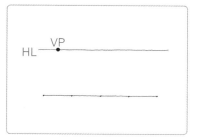

❶HL 和 VP 的设定
HL 上的视点设定为 VP。
在地板上设定 900mm 间隔的点位。

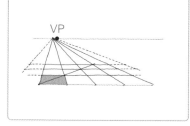

❷画出地板的网格
画出纵深为 2700mm 的 3 排网格。

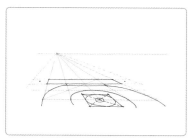

❸确定喷泉、台阶、树木的位置
根据网格确定平面图中喷泉、台阶、树木的位置。

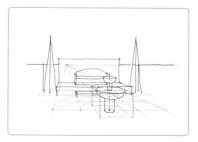

❹确定喷泉、台阶、树木的高度
利用地板至 HL 的高度（1500mm）确定喷泉、台阶、树木的高度。

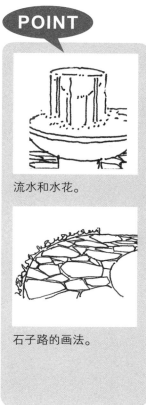

POINT

流水和水花。

石子路的画法。

EXERCISE

4 室内透视图

誊写本

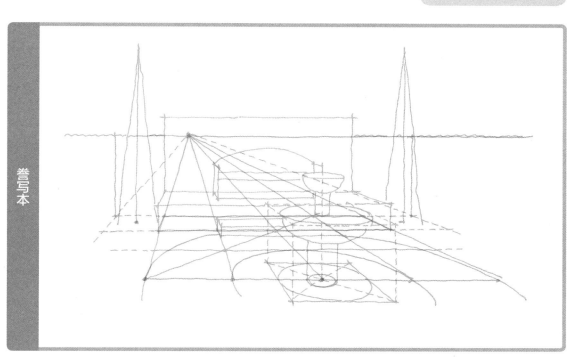

跃层①（1灭点）

平面图

5400
900
3600

客厅天花板高度 =2700mm
餐厅天花板高度 =2100mm
HL=1200mm

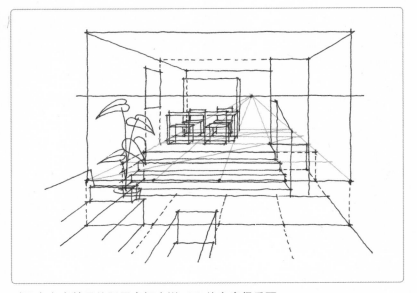

对于有高度差异的跃层房间来说，HL 的高度很重要。
这时可以将里侧的餐厅的地板水平高度增加1200mm。
前面的客厅下降600mm，因此沙发的高度为 −600mm 与 1200mm（HL）之
间的距离 −1800mm。

范本

绘画的顺序

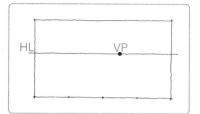

❶HL 和 VP 的设定
HL 上的视点设定为 VP。
在地板上设定 900mm 间隔的点位。

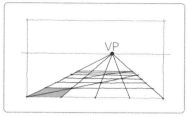

❷画出地板的网格
画出纵深为 5400mm 的 6 排网格。

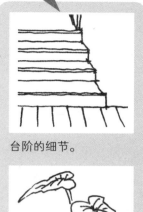

POINT

台阶的细节。

海芋的画法。

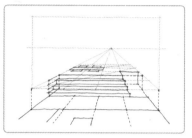

❸确定家具的位置
根据网格确定平面图中家具的位置。

❹确定家具的高度
利用地板至 HL 的高度（1200mm）
确定家具的高度。

EXERCISE

4

室内透视图

誊写本

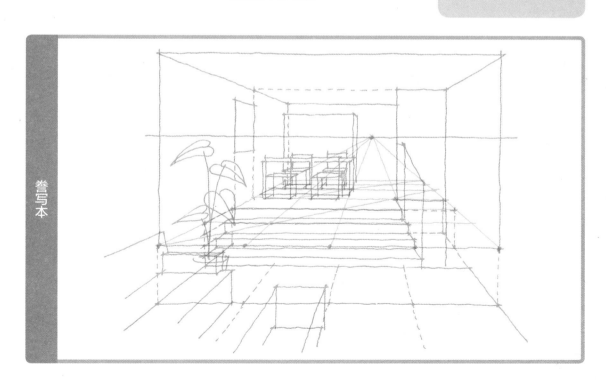

跃层②（1灭点）

平面图

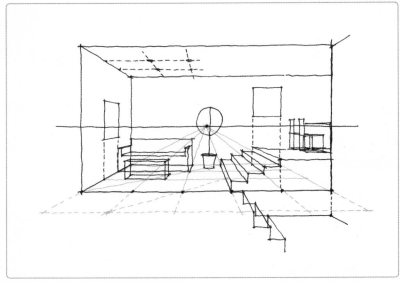

天花板高度=2700mm
HL=1200mm

为了更直观地表现地面的高度差，我们来描绘一下断面的角度。
这时 HL 为客厅高度 +1200mm 的位置。

范本

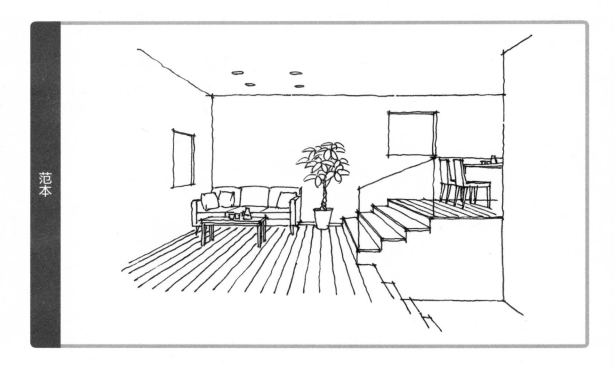

绘画的顺序

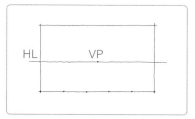

❶ HL 和 VP 的设定
HL 上的视点设定为 VP。
在地板上设定 900mm 间隔的点位。

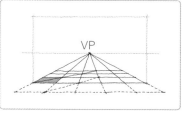

❷ 画出地板的网格
画出纵深为 2700mm 的 3 排网格。
向前延伸一个网格。

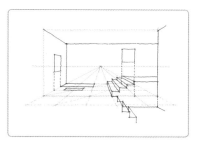

❸ 确定家具的位置
根据网格确定平面图中家具的位置。

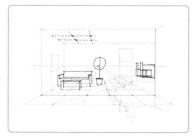

❹ 确定家具的高度
利用地板至 HL 的高度（1200mm）
确定家具的高度。

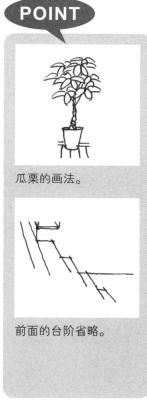

POINT

瓜栗的画法。

前面的台阶省略。

EXERCISE

4

室内透视图

誊写本

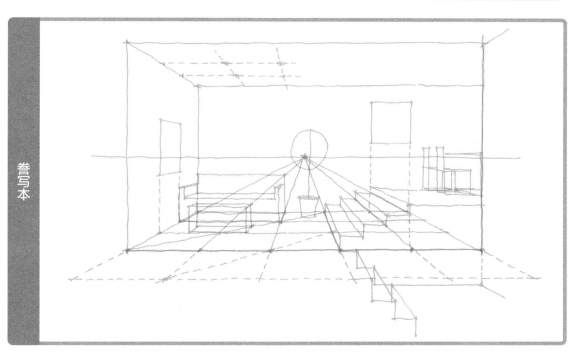

后记

本书是广受好评的入门书籍《边描边记：素描透视图的要点与诀窍》的姐妹篇。

与前作相同，都是通过对例图的誊写绘画来掌握透视图的基础，使大家能够轻松地练习素描。

本书与前作相比，更加深入地通过室内装饰的部分对透视图的画法进行了讲解。本书从即使专业人士也容易感到迷惑的部分——如何画出透视线开始讲解，只要按照书中介绍的方法进行练习，就能够真正地掌握了。

希望大家能将身边的室内装饰或风景，运用学到的知识进行绘画。

将室内装潢用画来表现，并不仅限于素描，可以作为日记的插图或是作为图画信等其他广泛的用途。希望大家读过本书后，能够用自己的透视图风格，画出更多更好的作品！

山本勇气

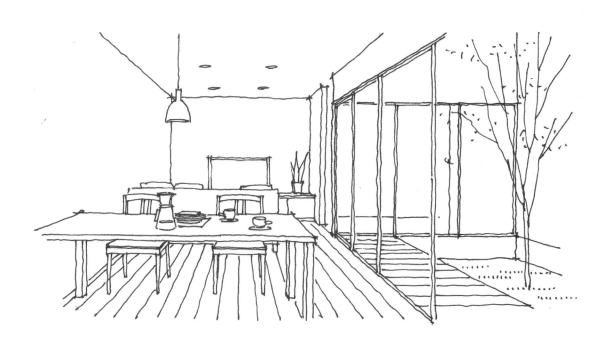